妈妈就是超级育儿师

0～3岁智力发展与早期教育

木 紫◎编著

中国妇女出版社

图书在版编目（CIP）数据

妈妈就是超级育儿师：0～3岁智力发展与早期教育/木紫编著.--北京：中国妇女出版社，2017.1

ISBN 978-7-5127-1410-6

Ⅰ.①妈… Ⅱ.①木… Ⅲ.①婴幼儿—哺育②婴幼儿—早期教育 Ⅳ.①TS976.31②G61

中国版本图书馆CIP数据核字（2016）第284574号

妈妈就是超级育儿师——0～3岁智力发展与早期教育

作　　者：木　紫　编著
责任编辑：万立正
封面设计：尚世视觉
责任印制：王卫东
出版发行：中国妇女出版社
地　　址：北京市东城区史家胡同甲24号　　邮政编码：100010
电　　话：（010）65133160（发行部）　　65133161（邮购）
网　　址：www.womenbooks.com.cn
经　　销：各地新华书店
印　　刷：北京中科印刷有限公司
开　　本：165×235　1/16
印　　张：15
字　　数：187千字
版　　次：2017年1月第1版
印　　次：2017年1月第1次
书　　号：ISBN 978-7-5127-1410-6
定　　价：32.80元

前言 Preface

“妈妈 + 超级育儿师”，这样奢华的配置对宝宝来讲该是多大的幸运啊！不过，还有比这更幸运的！那就是“妈妈就是超级育儿师”！集妈妈、超级育儿师身份于一身，宝宝从出生起就享受着最高级别的爱和养育，长大能不优秀吗？

孩子的智力发展跟养育密切相关。第二次世界大战后，那些因在战争中失去了父母而生活在孤儿院中的儿童，所得到的社会刺激很少，智力发展受到了影响，表现为反应迟钝、社会交往技能差，具有语言障碍。当这一情况被察觉后，那些已经表现出智力落后的孩子被转到了儿童服务机构，在那里他们受到了较多关爱和有益刺激，若干年后，这些儿童又恢复了正常水平。

看来，好养育利于智力发展。

智力指一个人认识、理解事物和现象并运用知识、经验解决问题的综合能力。高度发达的智力不是一出生就有的，需要大约20年的时间来发育、发展。而3岁前，是智力发展的关键期。脑科学研究发现，在生命早期，大脑以一种惊人的速度发育，短短两年，就从出生时占成人脑重的25%发展到75%。宝宝2岁左右，神经突触数量达到了成人水平，3岁左右突触数量相当于成人的2倍，学习能力达到最高峰。

没有哪位妈妈不向往有个高智商的孩子。那么就用自己的行动实现心中的期待吧！在宝宝成长过程中，妈妈要学会走进孩子心里，从生活的一点一滴中挖掘促进宝宝智力发育的内容，帮助宝宝实现成长、学习的欲望。多带宝宝户外走走，让孩子充分接触自然；给孩子创造动手、动脑的机会；孩子玩起来，只要没危险，不要限制；欣赏他的涂涂画画；捋顺孩子的吃和睡；能够发现孩子的兴趣点，包容孩子的玩和慢……

养育高智商的孩子是科学教养的重要内容。科学教养不是生来就懂的事情，需要父母不断地学习，力争做孩子无与伦比的超级育儿师！

《妈妈就是超级育儿师：0～3岁智力发展与早期教育》是为3岁前妈妈量身制定的育儿书，既有科学的理论，又有先进的方法，最可贵的是能够启发妈妈深入思考、活学活用、发现创新，是一本让教养变轻松、让成长更顺利的科学性、实用性著作。

来吧，让我们一起阅读吧！

特别感谢王玉新、张志强、郗玉森、李祥仁、王玉芝、李松敏、魏庆丽、李进科、郗华民、张钊、张振忠、王锁娣在资料收集、文字整理等方面的大力支持。

木　紫

2016年10月

目 录
Contents

Chapter 01
一出生就正确教养，宝宝大脑发育好

妈妈们自信起来：你的宝宝可以更聪明 / 2

科研证实：婴儿大脑具有可塑性 / 2

多多刺激，促进大脑快发育 / 4

妈妈必须懂得的一个词语：DHA / 6

DHA与聪明有关 / 6

妈妈如何巧妙补充DHA / 7

含有让宝宝“变笨元素”的食物 / 9

大脑发育怕什么 / 9

仔细点，认清哪些食物含有“变笨元素” / 10

宝宝缺少安全感会拖累大脑发育 / 12

安全感影响宝宝一生 / 12

怎么养育，才能很好地建立起安全感呢 / 14

最好的关注：和宝宝一起玩 / 16

一起玩，让宝宝更好地成长 / 16

如何和宝宝玩 / 17

缺少母爱，宝宝不聪明 / 20

满满的母爱让大脑快速发育 / 20

一生下来，就好好爱宝宝 / 21

自由玩耍，大脑发育好 / 23
动作发展促进心理发展 / 23
给宝宝自由空间：让宝宝的动作恰到好处发展 / 24
饭桌上，你给宝宝玩的机会了吗 / 26
玩食物促进宝宝大脑发育 / 26
别可惜食物，让宝宝玩起来吧 / 27
宝宝到处看不够 / 29
多观察促进大脑发育 / 29
带着宝宝多观察 / 30

Chapter 02
大脑发育靠营养，会吃更聪明

你给宝宝吃什么呢 / 34
儿童营养关系智力发育 / 34
宝宝饮食：做到合理，才能保证营养 / 35
母乳，宝宝吃多少呢 / 38
母乳有利于大脑发育，吃饱就好 / 38
因宝宝而宜，按需喂养 / 40
各类拌饭：改善了食欲却拖累了成长 / 42
糖拌饭和汤拌饭，均影响生长发育 / 42
不拌，也能吃得津津有味 / 44
端碗追着喂，何苦呢 / 46
宝宝不是“大胃王” / 46
顺从孩子的心，保护孩子吃饭的热情 / 48

Chapter 03
一定要睡得好！神经细胞在睡眠中发育

睡眠有多重要呢 / 52

好睡眠有助于大脑发育 / 52

培养宝宝良好的睡眠习惯 / 53

你的宝宝到点就睡吗 / 56

准点睡觉，大脑更聪明 / 56

养成准点睡觉的习惯 / 57

宝宝突然跪着睡了 / 59

认识常见的三种睡姿的利与弊 / 59

选择睡姿的几个参考点 / 61

“抚养困难型宝宝”难入睡 / 63

婴儿的三种气质类型决定入睡难易 / 63

哄宝宝入睡：不同气质类型采用不同方法 / 64

家有小小宝，每个人都要噤声吗 / 66

不需要为了宝宝睡觉而噤声 / 66

提高宝宝的“噪声免疫力” / 67

处理好宝宝的各种“闹觉” / 69

别让“闹觉”成为坏习惯 / 69

做好睡前工作，宝宝不“闹觉” / 70

Chapter 04
行动力影响智力：坐、爬、站、走

动作发育四件大事：坐、爬、站、走 / 74

大动作发育迟缓，可能与疾病有关 / 74

通过大动作异常，辨别宝宝疾病 / 75

宝宝坐起来 / 77
坐，是一个重要的成长过程 / 77
支持宝宝顺利坐起来 / 78
要不要爬呢 / 80
爬有多重要 / 80
让宝宝尽情地爬吧 / 81
宝宝不会爬怎么办 / 84
每个宝宝终将会爬 / 84
给宝宝创造条件，让他利索爬行 / 85
撒手，站起来 / 87
宝宝什么时候能站着 / 87
宝宝不会站，扶不扶 / 88
怎么做，走得好 / 90
宝宝走路有早有晚 / 90
不要急着学走路 / 91
宝宝爱光脚，可不可以 / 93
天气暖和，光脚走路好处多 / 93
寒冷季节，选一双合适的鞋子 / 94
宝宝学走路 / 96
过早、长期使用学步车会影响宝宝智力 / 96
慢慢练习，不依赖学步车 / 97
刚刚会走路的宝宝拽着妈妈走 / 100
初学走路，宝宝很胆小 / 100
合理保护，让宝宝有走路的信心 / 102
宝宝到处钻到处爬 / 104
空间方位知觉发展的敏感期 / 104
对宝宝进行空间方位知觉训练 / 105

Chapter 05
玩得对、玩得好，大脑发育快

爱玩的宝宝，大脑发育好 / 110
玩能满足宝宝的成长需要 / 110
如何让宝宝玩得更好 / 111
宝宝成了“小野人” / 113
户外玩耍有利于宝宝身心发展 / 113
让宝宝爱上户外玩耍 / 114
你选对玩具了吗 / 116
好玩具的标准：促进成长发育 / 116
根据孩子的身心发育选择玩具 / 118
宝宝喜欢玩沙子 / 120
沙土，是宝宝成长的乐园 / 120
引导宝宝安全地玩沙土 / 121
电子玩具是最好的玩具吗 / 123
电子玩具不是更益智 / 123
给家长支招：防止孩子“电子控” / 125
玩具越多越好吗 / 127
玩具过多影响智力 / 127
买玩具不是多多益善，要恰到好处 / 128
多游泳，智商高 / 130
婴幼儿游泳促进成长发育 / 130
宝宝游泳，父母要做好安全保障 / 131
能玩滑梯吗 / 133
玩滑梯促进大脑发育 / 133
小宝宝玩滑梯，安全第一 / 134

Chapter 06
重视感知觉能力，促进早期智力发育

宝宝一出生就能看到吗 / 138
在模糊中发展的视力 / 138
及早进行视力开发 / 139
较早的智力能力：听觉 / 141
几乎生来就有的听觉能力 / 141
日常生活中的听觉能力开发 / 142
宝宝“吃”，不是因为饿 / 145
口的敏感期：吃、啃、咬 / 145
满足孩子口的欲望 / 146
深度解析宝宝的抓、抢、打 / 148
认识手的敏感期 / 148
发展孩子的手部功能 / 150
宝宝用手拍打爸爸的脸 / 152
“暴力小宝”不暴力 / 152
宽容对待宝宝的“打” / 153
宝宝主动“再来一次” / 155
宝宝的认知方式：重复 / 155
支持宝宝重复练习，识别退行性重复 / 157
宝宝坐摇摇车，可能会有听力伤害 / 159
宝宝的听觉系统很怕噪声 / 159
怎样避免宝宝听力受伤害 / 161
细小东西是宝宝眼里的宝 / 163
对细小物品感兴趣的敏感期 / 163
支持宝宝关注细小事物 / 164
不停地扔掉手里的玩具 / 167
宝宝扔东西：认识空间、发展手的力量 / 167

带宝宝无损失地扔 / 168
宝宝在家翻箱倒柜，在外照样 / 170
理解翻箱倒柜的孩子 / 170
为宝宝创造良好的翻找环境 / 171
不知不觉，宝宝就学会了 / 173
宝宝学东西特别快：模仿的敏感期 / 173
教宝宝通过模仿来学习 / 174

Chapter 07 正在发展的注意、记忆、想象、思维能力

3岁前，宝宝的思维水平 / 178
认识宝宝的思维水平 / 178
锻炼宝宝的思维力 / 179
3岁前的宝宝，能记住什么 / 181
3岁前宝宝的记忆力有四大特点 / 181
根据记忆特点，锻炼宝宝的记忆力 / 183
宝宝记不住颜色，很担心 / 185
宝宝对颜色的认识有个过程 / 185
按科学的认知顺序来认识颜色 / 186
喜人的想象：小宝宝会“骗人”了（一） / 188
两三岁，想象力的启蒙期 / 188
发展宝宝的想象力 / 189
喜人的想象：小宝宝会“骗人”了（二） / 191
小宝宝“骗人”的理由 / 191
一边培养诚实，一边保护宝宝的想象力 / 192
宝宝为何玩一会儿就腻了 / 194
了解宝宝的注意力特点 / 194

训练宝宝的注意力 / 196
问不完的问题 / 198
问问题，是宝宝在获取知识 / 198
如何对待孩子问问题 / 199
3岁前，急着教宝宝识字好不好 / 201
识字、学知识不等于开发智力 / 201
开发智力要讲究方法 / 202

Chapter 08
宝宝说话了！如何习得语言

“贵人语迟”，有道理吗 / 206
怎么才算语迟 / 206
导致宝宝说话晚的因素 / 207
小宝宝噘着小嘴开心地“喔喔喔” / 209
1岁前宝宝处于语言发展的“前言语时期” / 209
这个阶段言语互动重点：互动和关注 / 210
别跟宝宝说“饭饭”“觉觉” / 213
宝宝进入语言发展的“单词句阶段” / 213
妈妈与宝宝言语互动关键点：词语 / 214
宝宝妙语连珠，满嘴潮词 / 217
1.5~2.5岁，宝宝进入语言发展的“多词句阶段” / 217
妈妈与宝宝言语互动的关键点：句子 / 218
宝宝学说话，有一些特别的现象 / 221
0~3岁，宝宝语言发展的特点 / 221
提供适宜宝宝学语言的人文环境 / 222
多玩一些语言游戏 / 225
语言游戏能促进宝宝的听说能力 / 225
3岁前，玩哪些语言游戏 / 226

Chapter 01

一出生就正确教养，宝宝大脑发育好

你可能想不到，宝宝的智力发育与教养方式密切相关。心理学研究和实践证明，宝宝一出生，就开始给予他充分的母爱、巧妙的刺激和正确的饮食，大脑发育就会特别好！

妈妈们自信起来：你的宝宝可以更聪明

有位妈妈说：我的宝宝反应可快了！别看只有1岁，跟出生时完全变了样！脑袋大了，个子高了，身体灵活了。我说什么宝宝都能听懂，太神奇了！比如，我说妈妈去沏奶，宝宝等着！宝宝立马咧开小嘴笑了！尿了，宝宝就会指着自己的小屁屁对我“嗯嗯嗯”！我常常想，宝宝还能更聪明一些吗？如果能，怎么做呢？

科研证实：婴儿大脑具有可塑性

大脑是人体的司令部，掌管着一切思维活动！人脑不是一出生就具有了各种功能，是随着成长不断发展出来的。

美国科学家利用正电子发射型计算机断层显像技术，对宝宝大脑进行扫描观察，发现孩子在出生之后，由于视、听、触觉接受大量的信号刺激，脑神经细胞之间建立联系的速度非常快，产生大量的神经元和突触，接受人类可能经历到的任何种类的感觉和动作刺激，促使大脑再发育。

研究表明：3岁以后，大脑的复杂性和丰富性已经基本定型，脑结构牢固成形。虽然这并不意味着大脑的发育过程已经完全停止，但就如同计算机一样，硬盘已经格式化完毕，就等待编程了。

人脑遵循用进废退的经济型原则，最经常被刺激的神经元和突触被保存并发挥功能，不经常受到刺激的神经元和突触被修剪，成为神经元里的后备军。神经元连接越丰富，大脑的反应速度就越快。

在心理学发展史上有一项很著名的研究，实验过程严谨而科学，给我们提供了一个关于婴儿早期大脑开发的范式。

在20世纪60年代后期，美国北卡罗来纳州的一些社会学家制订了Abecedarian计划，开始研究人们的行为差异问题，认为早期的教育是关键。Joe Sparling等收集到了111个来自贫困家庭或者未成年人意外得子的新生儿进行训练。这些孩子会定期进行智力测试，并把测试结果和那些没有进行过训练的同龄孩子相比。

“在他们3个月大的时候，我们并没有发现任何区别。9个月和12个月的时候也没有。但是在15个月大的时候，这些孩子认识这个世界的方式开始有差异，”Ramey教授说，“这些训练过的孩子开始学得更快，说话更加流利，也有着更高的智力测试结果。2岁的时候，差距开始变得显著。5岁的时候，他们一起进入不同的学校接受教育，定期的测试也一直进行着。令人惊讶的事情这才出现，尽管受训和没受训的孩子都接受着相同的教育，但受过训练的孩子始终保持着学习上的优势，他们保持着高的智力测试成绩和优秀的学习成绩，并且都找到了更好的工作。”

要知道，这些孩子如果不是被选来研究，也许永远都没有机会在适学年龄得到教育，更不会得到及时和周到的教育培训。Abecedarian计划显示，按照婴儿的兴趣和需要给予适当的训练，确实对人的一生有着持久和长期的影响。

☆ 多多刺激，促进大脑快发育

3岁前是大脑发育的关键期，给予适当的刺激会促进神经元不断分化形成新的突触连接，增强大脑皮层神经元的密度和厚度！

学习经验在脑中以突触连接的形式保存，当个体习得知识、经验时，脑中神经元之间的联系会增加，表现为形成新突触，修正已有突触的连接等。

1. 多提供模仿对象

宝宝出生几天后，睡醒了，会到处看，如果你向他张嘴、伸出舌头，他看一会儿，也会试着伸出舌头。稍大一些后，伸胳膊、转头、拿捏、皱眉，宝宝都能不经意地做出来。模仿是婴儿天生的学习能力。跨文化比较研究表明，婴儿的模仿学习能力具有普遍性。

婴儿擅长模仿，通过模仿学习人生经验，发展智力。妈妈给他呈现更多的场景、人像、图画、活动的物体，宝宝通过观察，学习和表现出来，能促进大脑发育。

2. 条件反射学习方式

条件反射是婴儿最基本的学习方式。研究表明，婴儿出生后数天就能建立起条件反射。最早的条件反射是新生儿对母亲抱起喂奶的姿势做出食物性条件反射，将喂奶姿势变成乳汁即将到口的信号。

婴儿三四个月的时候，用手触及他的脸部，会有转头的动作；用笔样物品轻触婴儿手，他会出现抓握动作；按动手电筒开关在宝宝面前一明一暗，他会眨眼。宝宝再大一些后，扶着他站起，身体稍稍向前用力，他会做踏步的动作；轻刺宝宝的小脚或者四肢部位，宝宝会有退缩动作出现，疼了还会哭。

皮肤是人体接受外界刺激的最大感觉器官，是神经系统的外在感受器。早期抚触就是在婴儿脑发育的关键期给脑细胞和神经系统以适宜的刺激，促进婴儿神经系统发育。爱抚宝宝随时都可以进行，和宝宝玩耍、陪宝宝入睡、为宝宝洗澡、给宝宝穿衣服时，都可以进行。

3. 偏好新颖刺激的学习形式

将某一刺激不断地重复呈现出来，宝宝的反应强度会越来越弱，直至不再注意。这时再呈现一个不同于前者的新刺激，反应强度便马上提高起来。宝宝就是这么注重并偏爱新奇事物。

带给宝宝新鲜的感觉，并不难。不断给宝宝更新玩具，带宝宝去不同的地方玩耍，给宝宝穿不同款式的衣服，家居环境适当变换一下，都能让宝宝接受到不同的刺激。

妈妈们确实很累，要照顾宝宝，要工作，老人身体不好的话，要承担的家庭负担更要重一些。在这种情况下，怎么办?

和宝宝说话，给宝宝唱歌，让宝宝听音乐、听广播等，宝宝的感觉通道受到声音刺激，也能促进大脑发育。声音刺激可以伴随其他的事情一起做，如哄宝宝入睡时可以聊天、唱歌、听音乐，也可以在陪宝宝玩耍时放一些音乐。

妈妈必须懂得的一个词语：DHA

母乳喂养时代，妈妈们倾向于母乳。没有母乳的母亲，有的甚至为此沮丧，觉得自己无能耽误了宝宝成长，甚至害怕宝宝未来的成长。母乳何以能让宝宝更聪明呢？关键点在哪里？

DHA与聪明有关

母乳富含DHA，这是母乳对宝宝成长的贴心关爱！

做妈妈以后，妈妈们有必要了解一个词语：DHA。DHA，俗称脑黄金，是一种对人体非常重要的不饱和脂肪酸。

DHA是神经系统细胞生长及维持的一种主要成分，是大脑和视网膜的重要构成成分，在人体大脑皮层中含量高达20%，在视网膜中所占比例最大，约占50%。因此，DHA对胎婴儿智力和视力发育至关重要。

宝宝出生后，大脑对DHA的需求量仍然很高。人体DHA含量不足，就会干扰正常的眼脑发育，甚至会出现发育迟缓、智力下降的现象。

那么，是不是宝宝摄入DHA越多就越聪明呢？

科学研究表明，婴幼儿补充DHA应将重点放在有效的剂量上，而不是盲目追求数量。过量添加DHA，会让宝宝消化系统压力重重，难以吸收，甚至会降低宝宝的免疫能力。

☆ 妈妈如何巧妙补充DHA

宝宝聪明成长离不开DHA，那这种物质从哪里来呢？是否只有通过服用DHA制剂才能获得呢？

1. 选择母乳喂养

母乳里含有大量的不饱和脂肪酸，包括DHA，这是大脑神经连接形成所需的基本物质。有研究显示，体内含有较多不饱和脂肪酸的宝宝的智商高于那些体内仅含有较少不饱和脂肪酸的宝宝。

2. 选对含有DHA的配方奶

配方奶的构成里含有不饱和脂肪酸。由于DHA的普及，一些奶粉厂商将DHA作为宣传噱头，会有夸大宣传、过分添加的情况。我国卫计委出台相关政策，对DHA含量做出明确限制。根据新版的食品营养强化剂使用标准（征求意见稿）要求：调制乳粉和调制奶油粉（包括调味乳粉和调味奶油粉）（仅限儿童配方粉）中二十二碳六烯酸（DHA）的含量占总脂肪酸的百分比必须≤0.5%。

妈妈选购奶粉时，可以算一算DHA含量有多少：800克一罐，如果包装上列明每百克含有28克脂肪和90毫克DHA，用0.09/28（DHA含量除以脂肪含量），结果为0.0032，即占比0.32%，小于0.5%，合格。

3. 鱼类富含DHA，吃法要正确

海水鱼的DHA含量高，但其油脂含量也较高，有些孩子消化功能发育不全，容易引起腹泻。

淡水鱼油脂含量较少，精致蛋白含量较高，易于消化吸收。只不过，淡水鱼通常刺较细小，不好剔除干净，容易卡着宝宝，一般情况下，1岁以上的宝宝才适合吃。

带鱼：带鱼DHA和不饱和脂肪酸含量高于淡水鱼，富含卵磷脂，更具补脑功能。带鱼味道鲜美，小刺少，可减少鱼刺卡喉咙的风险。

黄花鱼：黄花鱼营养丰富，新鲜的鱼肉中富含蛋白质、钙、磷、铁、碘等物质，而且鱼肉组织柔软，更易于孩子消化吸收。黄花鱼肉呈蒜瓣状，没有碎刺，适合宝宝食用。

三文鱼：三文鱼富含不饱和脂肪酸，富含维生素A、B族维生素、维生素D、维生素E以及钙、铁、锌、镁、磷等矿物质，肉质细嫩，非常适合宝宝食用。

宝宝食用鱼类，最好采用蒸、煮、炖等烹饪方法，不宜油炸、炭烤。将鱼肉做成鱼丸，做法简单，吃起来安全，很适合宝宝。

现实生活中，很多家长只给宝宝喝鱼汤不给其吃鱼肉，其实大部分的营养都在鱼肉中，正确的吃法是既吃肉又喝汤。

4. 常吃核桃

核桃仁含40%～50%的不饱和脂肪酸。宝宝常吃核桃仁能促进大脑发育。核桃容易购买，吃的时候把核桃敲碎，放在粥里或者菜里煮即可。

含有让宝宝“变笨元素”的食物

有位妈妈说：“我家宝宝3岁，总是不爱吃饭，喝奶也少。每天吵着吃零食，奶奶宠爱孙子，只要想吃，就去买！虾条、饼干、蛋糕、豆腐干，每天都要吃一些，怎么办呢？”

大脑发育怕什么

3岁前是宝宝大脑发育的关键期，如果摄入有害大脑的物质，不但影响大脑发育，还会伤害大脑。最常见的有以下几种。

1. 铅

膨化食品含铅较多，对宝宝（特别是3岁以下的孩子）伤害很大。铅中毒是一个慢性发展的过程，初期可能没什么症状，但随着铅在体内逐渐积累，慢慢会危害到宝宝体格生长及智力发育，因此被称为“隐形杀手”。

宝宝处于生长发育阶段，对于铅的吸收量是成人的数倍，而对铅的排泄功能比较弱，这就更容易蓄积体内。当有害重金属累积到一定量的时候，会慢慢潜伏于血液和骨骼中，对人体的神经、消化、造血等系统造成损害，尤其会导致认知障碍和思维能力下降。

2. 铝

铝元素摄入过多主要会损害大脑功能。比如：会干扰人的思维、意识与记忆功能，引起神经系统病变，造成记忆减退、视觉与运动协调失灵、脑损伤、智力下降，严重者可能痴呆。

3. 色素

很多小食品中含有人工色素。人工合成色素自身或其代谢产物具有毒性，摄入过量合成色素还可引起过敏症，如哮喘、喉头水肿、鼻炎、荨麻疹、皮肤瘙痒以及神经性头痛等。某些人工合成的色素作用到人的神经，会影响神经冲动的传导。

4. 过多盐

常吃过咸食物会损伤动脉血管，影响脑组织的血液供应，使脑细胞长期处于缺血、缺氧状态下，会造成记忆力下降、大脑过早老化。

5. 过多过氧脂质

过氧脂质会在体内积聚，使某些代谢酶系统遭受损伤，促使大脑早衰或痴呆。

★ 仔细点，认清哪些食物含有“变笨元素”

妈妈是那么期待宝宝聪明、灵活，了解了哪些食物含有“变笨元素”，就会小心。

1. 过咸的食物

人体对食盐的生理需要极低，成人每天7克以下、儿童每天4克以下就足够了。养成清淡饮食的习惯，是避免食入过量咸味的根本。少吃外边购买的咸味成品和外卖！

2. 含铅的食物

铅能取代其他矿物质在神经系统中的活动地位，是脑细胞的一大“杀手”。含铅食物主要是爆米花、松花蛋等。传统的铁罐头及玻璃瓶罐头的密封盖中，也含有一定数量的铅，要少吃。

需要注意的是，无铅松花蛋的铅含量并不等于零，只是低于相应的国家标准，同样不宜大量食用。

3. 含铝的食物

世界卫生组织指出，人体每天铝的摄入量不应超过60毫克，油条中的明矾是含铝的无机物，如果一天吃50克～100克油条，便会超过这个量。

一些膨化食品中也含有铝，这类食品往往要加入膨松剂之类的添加剂，有的膨松剂（如明矾和碳酸氢钠）就含有较多的铅或铝等重金属。

4. 含糖精、味精较多的食物

糖精摄入过多会损害大脑细胞组织。味精少量食用是安全的，但周岁以内的婴儿和妊娠后期的孕妇最好别吃。

稍大的宝宝也要少吃味精。味精会导致宝宝缺锌，而锌是大脑发育最关键的微量元素之一。

各种膨化食品、鱼干、泡面、香肠等，味精味都很浓。

5. 色彩鲜艳、人工色素类零食

购买颜色鲜艳的食品或饮料时要慎重，不要选择颜色太过亮丽的加工食品，还要养成阅读食品配料表的习惯，看看成分说明里是否添加了胭脂红、柠檬黄、日落黄等合成色素。

6. 少吃煎炸、烟熏食物

鱼、肉中的脂肪在200℃以上的油温中煎炸或长时间暴晒后，含有较多过氧脂质，在体内积聚，会使某些代谢酶系统遭受损伤，促使大脑早衰或痴呆。比较常见的食物有：熏鱼、烧鸭、烧鹅等。

宝宝缺少安全感会拖累大脑发育

有位妈妈说："宝宝出生3个月后，我离开了家外出工作。为了实现家庭梦想，需要在外工作2年。为了早日回家，真是拼了啊！除夕夜都在加班！两年后，腰包鼓鼓、满心期待地回来了！家人自然开心，可是，没多久，我就发现宝宝不如别人家的活泼、开朗，个子也矮，见到生人神情紧张，还咬手指，喜欢黏着爷爷奶奶，几乎没有朋友！"

妈妈怀疑，这个孩子是不是缺少安全感呢？

安全感影响宝宝一生

奥地利心理学家弗洛伊德曾说："自幼充分享受母爱的孩子一生充满自信。"母爱能带给孩子什么？

1. 影响生长发育

宝宝出生以后，能听到各种声音，视力也一天比一天好。但是，他对这个世界的了解还是靠着身体的感受。如果他没有感受到不适，总是感受到妈妈的体温、声音和爱抚，那么他的感觉就是美好的。这样，他的安全感就逐步建立起来，他就会觉得这个世界是可以信赖的、自己是被这个世界所喜欢的，容易接纳周围环境。于是，他就会无忧无虑地生长。

相反，孩子不快乐，长期焦虑、抑郁，脑垂体的功能就会受到抑制，生长激素分泌量会减少，进而影响生长发育。

有关统计表明：在第二次世界大战中，德国、西班牙、朝鲜、越南等国失去双亲的孤儿，平均身高要比同龄儿童矮几厘米。科学家们为此做过试验，他们将一批精神受到压抑的孩子安置到和睦欢乐的环境中，让他们受到模拟亲人的爱抚和家庭的温暖，3个月后约有95%的孩子发育情况发生了变化，生长停滞现象得以消除，身高得到明显的增长，基本上接近同龄儿童身高增长的水平。

2. 影响非智力因素

福利院的孩子进入社会，往往缺乏自信和安全感，因为自小缺乏父母的拥抱，身心健康比起普通孩子有明显差距。其实，安全感缺乏的孩子，更大的危险是不具备健全的人格。他缺少自信、容易自卑，对周围的世界缺乏信任，充满了怀疑，为了自我保护，常常会撒谎或者孤立自己，长大后很难走入亲密关系中。

如果婴儿不信任父母能给予恰当的照顾，基本信任没有得到培养，内心会产生非常复杂的防御。

3. 影响大脑发育

2岁前是大脑发育的关键期，一般情况下，2岁时应该达到成人脑重的75%才算正常发育，这个脑重相当于刚出生时的3倍。脑发育的过程表现为神经元连接的增加。当个体习得新的知识、经验时，大脑中神经元之间的联系增加，表现为新突触的形成或已有突触数量、形态发生改变。

婴儿的学习是指在环境中通过感知觉获得经验，由经验引起行为的变化。当宝宝感受到外界环境是友善的、可以信任的时候，就会更多地与外界发生互动，获得较多的认知经验，促进大脑发育。

☆ 怎么养育，才能很好地建立起安全感呢

婴儿能否建立起安全感决定了他一生的发展。1岁以前是安全感建立的关键期，可以持续到3岁前。宝宝出生以后，怎么养育才能很好地建立起安全感呢?

1. 及时满足宝宝的生理需要

宝宝饿了、尿了、拉了、躺的姿势不舒服了……就会以肢体语言或者哼哼唧唧的婴语向妈妈抗议，这时，有多么重要的事情都要放下，宝宝才是第一位的。

有的妈妈因为忙于自己的事情或者想锻炼宝宝的忍耐力而不即刻满足，会影响宝宝建立对妈妈的信任感和亲密感，宝宝的安全感就降低了。

2. 一醒来就见到妈妈

如果我们细心观察几个月的婴儿，就会发现一个有趣的现象，宝宝睡着睡着就会睁开眼扫描一下，看到妈妈在身边，眼睛闭上，接着睡！妈妈不在，就会大哭。

赶上妈妈出门，到了晚上还不回来，一些宝宝会等妈妈，多困都不睡。

宝宝睡觉需要妈妈陪伴。妈妈要理解，不要宝宝一睡觉就离开房间去做别的事情，或者去外边疯玩，很晚都不回家。要记住，你的宝宝在惦记着你。

3. 不要对宝宝发脾气

有的妈妈脾气不好，宝宝尿了床、搞坏了家里的物品，就大喊大叫，甚至动手打宝宝屁股。

一定不要这么做！对这一年龄段的宝宝来讲，惩罚毫无效果。宝宝被不良情绪包裹，会变得害羞、退缩、焦虑，心理产生阴影，害怕

妈妈，担心妈妈不爱他。

4. 多和宝宝亲密接触

即使慢慢长大的小宝宝，对妈妈也是相当依恋的。这个时候，他渴望与妈妈亲密接触来巩固内心的安全感。可是有些妈妈想不到这一点，把宝宝扔给爷爷奶奶或者保姆后就过自己的日子去了，很少给宝宝以拥抱、抚触，或者和宝宝一起游戏、玩耍。这样的话，即使在1岁前宝宝对妈妈有了一定的信任感，宝宝的安全感也不是很强。

5. 不要只有一个主要抚养人

理想状态下，宝宝的日常照料者，由至少两名有学识、有爱心的成人抚养。这样，妈妈即使有事情离开，宝宝也能开心地和另一个可以依赖、信任的人待在一起，情感时时刻刻都处于安全之中，就不会焦虑、恐惧。

最好的关注：和宝宝一起玩

有位妈妈说："我儿子洋洋太好动了，只要醒着就不消停。玩就玩，我支持！给他买了一大堆玩具，汽车、坦克、摇铃、积木、厨房用具等，满屋子都是玩具。"这位妈妈的目的很简单，就是想让宝宝把注意力放在玩具上，别总缠着她。可是，妈妈如果不在身边，宝宝就不会好好玩。

一起玩，让宝宝更好地成长

爱与关注、支持与鼓励，能促进宝宝的身心发育，是使他们成长为成功的、适应力强的成人的基石。父母需要一个情境关注孩子，才能向孩子表达爱、鼓励、支持，而玩就是最好的情境与方式。

父母的爱是孩子成长的心理营养，对于3岁前的宝宝来讲，爱的重要表现形式是关注，和宝宝一起玩是最契合宝宝心意的关注方式之一。在玩的过程中，孩子和父母肌肤相亲、心神交汇、互相切磋，心里会感到很温暖，不孤寂。父母越是较多陪孩子玩，孩子越会觉得父母很爱他。

一些很少和宝宝做游戏的家长有一个特别冠冕堂皇的理由：自己

很忙。其实，只要心里想着和孩子玩，就能找到机会。

有位爸爸也很忙，但是他总能找到机会和儿子玩。

吃饭的时候，儿子不好好吃。吃饭前，爸爸跟儿子约定：“好好吃，吃饱有力气了咱们一起去小公园捡树叶。”儿子最喜欢捡树叶了，听到爸爸这么说，吃得特别认真。

到了下班时间，儿子就会去楼下等爸爸。爸爸总会有游戏跟儿子玩。上楼的时候，爸爸牵着儿子的手问：“我们从一楼走到六楼，刘奶奶住一楼，我们的路程是刘奶奶的几倍？”“6倍。”已经算了几次了，儿子能快速回答出来。

有的时候，爸爸会和儿子背诵诗歌，有的时候会比赛爬楼梯，还有的时候会玩角色互换的游戏。

爸爸觉得，和儿子一起玩，不但能提高儿子的学习能力，还能拉近与孩子的心灵距离。

在游戏中，和孩子一起跑跑跳跳，走走路，能增强孩子的体质；和孩子交流一些问题，能增长孩子的知识，促进思维；和孩子一起动手操作，能促进孩子的大脑发育。

★ 如何和宝宝玩

宝宝渴望和父母一起玩，对重视教养的父母来讲，赶快和孩子一起玩吧！

1. 固定时间陪玩

随着宝宝不断长大，他的作息时间越来越有规律，父母最好选择宝宝最寂寞的时间来陪宝宝玩。

宝宝一天的时间段，主要包括早晨醒来、午睡前、下午午睡以后、晚上睡前，具体时间不同宝宝会不一样，这几个时间段宝宝玩耍，可能会需要妈妈陪一会儿。

不过，宝宝自己玩起来，玩性很高，妈妈也可以离开一会儿，毕竟宝宝也需要独立思考的时间。宝宝寂寞的时候，会喊妈妈，快速来到宝宝身边就好了。

2. 尊重宝宝的玩法

把玩具塞进沙发空里、摆完积木又推倒，然后哈哈大笑。一双鞋，脱了穿穿了脱。奶瓶冲下，看奶一滴滴落在床单上。

这些在大人眼里，也许很可笑，宝宝却认为这是很有趣的玩法。不要在宝宝玩得起兴的时候打断。宝宝玩够了，父母可以告诉他："奶里有油，滴在床单上，洗起来很累。奶是用来喝的，倒掉很浪费，以后不能这么玩。"

积木堆好后，妈妈给宝宝拍个照片，告诉宝宝："堆了这么高，有本事，留个纪念。"

弗洛伊德曾指出：一个在玩纱线筒的孩子，将筒管抛出去又捡回来，这一举动虽离纯粹的锻炼、机灵的活动还差得很远，但有助于启发孩子身上各种情感的变化。当筒管消失时，孩子会产生沮丧的心情；当筒管失而复得，随之而起的则是欢乐的心情。在孩子的眼里，这一举动还具有某种象征意义：他从筒管的失而复得联想到人或事，当妈妈走时，他不再表现出恐慌了，因为妈妈还会回来，就像那个筒管一样。游戏使孩子从完全顺从现实逐渐发展成为能预料并应付意外情况的出现。

3. 不要让宝宝带着压力玩

如果玩具适合宝宝的年龄，宝宝操作起来却很笨拙或者不会操作，不要着急，过一会儿，宝宝就会玩了。

走过去教宝宝怎么玩，反倒带给宝宝压力，减少宝宝的玩兴。玩玩具是一个没有压力的练习过程，不存在玩好玩不好。不过，宝宝向妈妈求助，或者气馁了，妈妈要及时提供帮助。

4. 一次不要给宝宝太多玩具

一次给宝宝提供的玩具要适量。摆出一堆玩具，堆在眼前，宝宝可能会无所适从。这个玩一下，那个玩一下，不专心，很乏味，缺乏思考。建议一次给宝宝的玩具最好不要超过3个。

“来，妈妈和你一起玩！”宝宝这个玩一下、那个玩一下的时候，妈妈拿起一个玩具，和宝宝一起玩，宝宝的兴致就会立刻高涨。

5. 动静交替，注意休息

宝宝的玩具大多数都偏向静态操作，妈妈在安排游戏时，可以动态和静态交替。比如：30分钟静态，30分钟动态，让宝宝的身体得到全面的锻炼。另外，专心玩玩具也是件消耗脑力和体力的活动，妈妈在陪玩时要安排中场休息的时间，半小时休息一次，以免宝宝太疲劳。

6. 爸爸当玩具，宝宝更开心

骑摇马、滑滑梯、荡秋千，这可是宝宝在公园、游乐园里最喜欢玩的游戏啦。但是，对于1岁以下的小宝宝来说，这些游乐设施看起来总觉得不那么牢靠。就让身强力壮的爸爸来充当宝宝的大玩具吧，相信宝宝一定会玩得不亦乐乎的。

缺少母爱，宝宝不聪明

宝宝从小缺少母爱会怎么样？有人叹息："没妈的孩子最可怜！"有人会说："小的时候，容易表情落寞，反应迟钝，怕见人。长大了，容易脾气古怪，不能很好地与人相处。"还有人会说："没人管着，容易走上违法犯罪道路。"

没错！从小缺少母爱或者母爱不适当，会影响宝宝心理健康。还有一点容易忽略，就是母爱和宝宝的大脑发育紧密相连。

满满的母爱让大脑快速发育

心理学家研究发现，大脑的快速发育有赖于早期的认知，也有赖于情感的表达、控制及社交技能的培养。一个生活在良好家庭氛围中充分享受了父母爱的宝宝，情绪情感以快乐、开心为主，身心愉悦，大脑发育好。

在宝宝成长过程中，身心每一领域的发展都会影响其他领域，一个没有受到很好照料、鼓励的孩子，性格无论内向还是孤僻，都会影响到大脑发育。

孩子幼时的生活经历将会极大地影响大脑神经细胞之间的联系。

在一个充满忧虑和紧张家庭里长大的孩子处理问题的能力相对较差，而且很容易被自身的感情压垮。相反，那些生活在充满爱心的环境里的孩子则会与环境频繁地进行交流，进而促进额叶前部的循环，大脑发育好，处理问题能力强。

华盛顿大学医学院儿童神经研究中心的一项研究发现：母亲是否有爱心，决定了孩子大脑的体积大小。母爱主要影响孩子大脑的两块区域：海马体和杏仁体。

海马体位于脑颞叶，主要负责学习和记忆，日常生活中的短期记忆都储存在海马体中。海马体是人体大脑中一个至关重要的组成部分。它是边缘系统的一个分支，并且在很大程度上控制人的信息整合能力以及近期和长期的记忆，同时也负责空间导航，即方向感和空间想象能力。

当人处在紧张的环境中时，大脑自动向神经系统发出信号，身体就会产生有助于缓解压力的物质。而海马体正是大脑中负责压力反应的“中枢装置”。海马体体积越大，人体的抗压能力和记忆力就越强。

海马体的生长与妈妈对孩子的关心呈正比：妈妈在孩子2岁前投入的关爱越多，孩子的海马体生长越健康；反之，幼儿时期遭到母亲忽视或打骂的孩子，其海马体的生长缓慢，体型偏小。

☆ 一生下来，就好好爱宝宝

1. 生宝宝前，做好准备

妈妈面对婚后新生活，需要一个适应期，要协调好各方面关系。而孕期妈妈心理波动较大，这些因素会导致妈妈压力大、情绪不好。宝宝出生前妈妈如果没有及时调整好，宝宝出生后妈妈压力会更大，容易影响宝宝的情绪。

2. 别让宝宝为夫妻关系买单

有的夫妻不懂得处理彼此关系，相处不好，经常吵架，面临感情破裂的时候，就想到生宝宝来维系家庭。这么做，只是暂时缓解了夫妻关系，仍然没有习得如何相处。不懂夫妻相处之道，夫妻关系紧张，孩子感受到的并不是恩爱的父母关系，夹在中间会很难受。

夫妻吵架后闹离婚，这样的态势，会让孩子内心处于一种不稳定的状态，容易担心、焦虑、害怕，难以无忧无虑地成长。

自由玩耍，大脑发育好

果果2岁半，个子大，身体也结实，虎头虎脑，谁见了都喜欢。每次从家里出来，果果都十分干净利落，跟明星宝宝一样。可刚玩了一上午，就一身泥土。因为他一出去就到处爬、到处钻，俨然一个小野人。果果妈妈说：“不怕，玩得高兴就好，回家就洗呗，孩子不动才有问题呢！”

动作发展促进心理发展

在生命早期，大脑的发育并不单纯是成熟程序的展开，而是生物因素与早期经验结合的产物。刚出生的宝宝只有一些感觉器官处于一种良好的工作状态——嘴能吃奶，耳朵能听到声音，两只小手能抓握。慢慢地，宝宝的身体能活动了，不断地抬腿、抬头、翻身、爬行、行走。这个时候，那个乖乖躺着的小宝就成了“小猴子”到处窜。

3岁前宝宝很好动，他似乎对周围的一切都感兴趣，瞪大眼睛看，用手摸，拿在手里把玩，放进嘴里啃，到处钻，到处跳，什么都好奇。这既是孩子认识世界的过程，也是发展自我的过程，是成长需要。越是与这个世界充分接触的宝宝，大脑获得的经验越多，神经元突触发生的连接越多，髓鞘化越好，大脑思维能力就越强。

婴儿动作的发展分行走动作（大动作）和手的动作（又称为精细动作）两个方面的内容。不管哪一个，都能促进宝宝智力发育和心理成熟。

宝宝伸手去抓一个物体，必须能看到这一物体，把手朝这一方向移动并抓握。如果物体会移动，宝宝就会加快速度爬过去，快速摁住——这一动作包含了视觉、意图、眼与手的配合以及小肌肉的控制等复杂因素的组合。

宝宝身体的灵活性逐步增加，空间活动范围不断扩大，会走以后，就会攀高、钻空，独立性不断增强，征服环境的勇气更足，对事物的认识也更加立体化。

☆ 给宝宝自由空间：让宝宝的动作恰到好处发展

意大利教育家蒙台梭利说："人们面临的最大问题之一，就是他们没有认识到，儿童拥有一种积极的精神生活，尽管儿童当时并没有表现出来，而且他也必须经过相当长的一段时间来秘密地完善这种精神生活。"既然儿童是个谜，需要时间秘密地完善他自己，空间对他来说是必不可少的。

1. 尊重孩子热衷某个动作的意愿

宝宝每个年龄段热衷的动作，都是心理发展需要，帮助宝宝探索事物、理解因果关系，还为下一个动作的发展做基础。

宝宝手里拿到一个物体，不管是玩具还是尺子，或者塑料杯子，他都会不停地扔掉。妈妈捡起来，递给他，他还是毫不犹豫地扔出去。这个过程，锻炼了宝宝的身体肌肉，认识了空间距离，理解了杯子扔下去就会碎的因果关系，过一段时间，就不扔杯子了。

宝宝热衷于一个动作后，就会迷恋下一个动作，以此发展，直到肢体变得灵巧、操作能力强。

2. 给予与生理成熟相匹配的训练

为了发展早期的儿童运动，鼓励和实施有计划的动作训练能够促进宝宝的生理成熟和心理发展。但动作训练对儿童动作发展的促进作用不是无条件的，动作发展的训练只能与生理上的成熟相匹配才有利。否则，不但不能促进孩子的发展，还会引发挫败感。

举个例子，1岁的时候，有的宝宝能走路了，而有的宝宝还不能顺利爬行，一点走的意愿都没有。这个时候，如果妈妈着急让宝宝走路，扶着走，宝宝的平衡能力差，没有掌握住平衡技巧，就会较多摔跤。品尝了较多的挫败感后，心里有阴影，等到了真的能走了的时候也不敢撒手。

饭桌上，你给宝宝玩的机会了吗

工作了一天，妈妈很累，真想早点休息啊！想到儿子的晚餐，不得不拖着疲惫的身体走进厨房。洗洗洗！切切切！炒炒炒！一盘西红柿炒鸡蛋、一碗虾仁蛋羹出锅了。

妈妈哄着宝宝吃，宝宝却不买账，一勺一勺把蛋羹舀到碗里，再从碗里舀到水杯里。蛋羹在水里氤氲开来，宝宝看着有趣，举起杯子晃来晃去。创意又来了，加一勺西红柿鸡蛋放在进去，这回才是鸡蛋汤。

妈妈生气了："吃不吃？不吃收拾了！"宝宝依然笑嘻嘻地玩耍，根本不在乎。妈妈端起盘子放进了冰箱里，嘴里嚷嚷着："明天不给你做了，有这功夫，我还不如休息会儿呢！"

玩食物促进宝宝大脑发育

宝宝坐到餐桌前，一会儿就吃下大半碗，这该是每位妈妈的梦想吧。多吃饭，有利于身体发育，不吃，抓着玩，把餐桌弄得乱糟糟的，这会让大部分妈妈都十分不开心。

不过，小宝宝玩食物，对身体发育也有好处。

品尝、吞吐、抓握食物、使用餐具、运送食物、拍打食物等，都是很好的生命体验，是在认识食物、学习使用餐具，促进了宝宝的大脑发育。

有研究发现，幼儿最早能学会的14种流质食物名词里，除了雨水和水之外，剩下的十几个，都与吃有密切关系。比如，牛奶、咖啡、布丁以及苹果酱等。宝宝在吃、掰开、到处扔、拒绝的过程中，记住了食物以及它们的特性。

★ 别可惜食物，让宝宝玩起来吧

玩食物对宝宝来讲是一件开心的事情，即使两手沾满食物，抓握起来很费劲，他也满面笑容。

1. 不要阻止宝宝

一边吃一边玩，没修养！父母担心宝宝养成这样的坏习惯，成为没有修养的坏孩子。不要担心，没有谁见到过读了小学的孩子还在餐桌上玩食物。对食物的好奇心满足后，他就不玩了。

即使父母不喜欢宝宝的吃相，也不要去粗暴地阻止。“嗨，臭小子，还吃不吃？浪费食物啊！”这样的说法，会打击宝宝对食物的兴趣，妨碍了宝宝的探索欲望。

2. 别担心宝宝会饿到

玩会耽误宝宝吃，吃不饱，宝宝会饿！这是个值得思考的问题。如果要在吃和玩之间做个选择，妈妈们一定毫不犹豫地高喊：“吃！”舍弃让大脑更聪明的机会，心里未免不舍。

餐桌放好，食物摆上来，抓紧时间喂宝宝，吃几口算几口，等他双手忙活起来，就由他玩。一边玩，一边喂，宝宝愿意的话，也能吃几口。

宝宝用手或者用餐具玩的时候，也能吃进几口。三方面算在一起，宝宝也能吃饱了。

3. 支持宝宝玩

我曾经亲眼见到一位妈妈，拿了一个西红柿，放到宝宝的小钢碗里，对宝宝说："玩吧！"妈妈说："抓抓捏捏，手指动，大脑发育好。他玩着，我喂着，一会儿就吃饱了。玩够了，就不上餐桌了，也不影响大家。"

当然，宝宝玩食物的时候，会把食物涂抹在自己脸上、手上、腿上、衣服上，如果是夏天，更是身体的每个部位都被涂抹上饭粒。如果饭菜里有油，麻烦就更大了。吃饭前，在宝宝周围的地面铺上报纸，围上容易清洗的围兜，吃饭的时候，不让他接触油腻食物，这样，局面就好控制一些。

宝宝到处看不够

妈妈带宝宝出来玩，正巧，垃圾车收垃圾！宝宝见了，颠颠地就跑了过去！站到边上，看后斗抓起垃圾箱倒出垃圾又放下，目不转睛地看着，嘴里喊着，哇哇哇！车往前走，他也跟着走，直到车开出小区。

遛狗的爷爷出来了，宝宝看到后，小跑过去！看到卖豆腐的奶奶，站住，不走了，睁大眼睛看奶奶拿刀切豆腐！

妈妈说："这孩子出来一次，怎么也得两个小时才能回去！看什么都新鲜！"

多观察促进大脑发育

大脑所获得的信息，有80%～90%是通过视觉、听觉输入大脑的。观察力是智力结构的重要方面，它是思维力、记忆力、注意力、想象力的基础。如果观察力不强，孩子在学习上就会很被动。

关于观察力的重要性，著名生物学家达尔文说过："我既没有突出的理解力，也没有过人的机智，只是在观察那些稍纵即逝的事物并对其进行精细观察的能力上，我可在中人之上。"

观察力强的孩子能够较快发现问题，产生要去了解的好奇和解决问题的欲望，能够抓住事物的本质特征，获得有价值的信息，更具备战胜难题的信心，成为“强兵”“高分高能者”的概率更大。

很多时候，视觉观察是和听觉、触觉等协作行动。宝宝看的时候，会摸、尝，较大的宝宝会用脚踢，较多的动作和活动增强了宝宝对事物的认识，不断积累经验后，更能促进大脑神经成熟。

☆ 带着宝宝多观察

3岁前宝宝好奇心重，喜欢到处走、到处看，这正契合了大脑发育关键期的特点。带宝宝多观察，就能让宝宝更聪明。

1. 多出去走，少看电视

宝宝窝在家里，父母又不愿意陪宝宝玩，那宝宝很容易和电视做伴。看电视时间过长，会影响视力，视敏度变差。宝宝刚出生时对光线就会有反应，但眼睛发育并不完全，视觉结构、视神经尚未成熟。在外界刺激下，孩子才慢慢发育出各种视觉机能。到3岁时，视觉标准能达到0.6，视觉较为敏锐，眼手协调更灵活，立体视觉的建立已接近完成。这个年龄用眼过度，很容易近视。

电视带给孩子的是直观的影像刺激，孩子始终处于被动地去接受图像，免去了主动分析和加工所看到的东西的过程，弱化了大脑的思维过程，限制了孩子对词汇的想象和思考，扼杀了孩子创造力。

多带宝宝出去走走，感受大自然的美丽风景、身边人的生活、周围事物的形状……有利开阔宝宝的视野和大脑发育。

2. 多多肯定

宝宝观察事物，心性使然，如果我们给予肯定、提示，他会更来劲，看到的世界更丰富。

“儿子，快看，小鸟飞起来了。”“这个瓶子是不是很特别，有什么呢？”“那么多小蚂蚁，忙忙碌碌，是要下雨了吗？”宝宝看多了，就增加了注意的广度，顺着妈妈的线索，宝宝观察的时间会久一些，注意的深度会增加。

“你在观察小蚂蚁是吗？还给小蚂蚁盖了一个房子，这么认真，不错啊！”“瞧瞧，我儿子为了哄小兔子开心，弄了这么多菜叶子，辛苦了！小兔子见了你，一定会笑得露出牙齿！”

3. 多做一些精细观察

相对于宝宝随意看，精细观察一般在问题引领中进行。看图片的时候，引导按照一定的顺序观察，问问宝宝，左边、右边、大的、小的、红色的、绿色的是什么。宝宝一部分一部分地观察，看到的景色更详细，更能锻炼观察力。

玩耍的时候，小蚂蚁、小虫子、小狗、小兔子、小乌龟、小白鼠等都是很好的观察对象。不要担心宝宝不合作，宝宝求知欲强，有妈妈的引导，会非常乐意。

Chapter 02
大脑发育靠营养，会吃更聪明

大脑发育需要营养，营养跟得上，神经细胞才能正常新陈代谢。宝宝饥饿或者营养不良，体内皮质醇含量上升，大脑神经细胞易受损。

你给宝宝吃什么呢

有位妈妈说："我儿子吃东西一点都不香，我很发愁。当初吃了1个月的母乳后因为奶不好，我也工作忙，就基本上吃奶粉了。喝奶粉的时候常常剩下，现在2岁半，吃东西还不成顿。饭熟了，先闻闻味，如果不合胃口，一口不吃。有的时候一天就喝点奶粉，一点饭都不吃。瘦得很，真愁人啊！"

有位妈妈说："我家宝宝7个月断奶后，就没再喝奶粉，只是喂养辅食。现在1岁半了，头发发黄，人偏瘦。这种情况属于营养不良吗？"

有位妈妈给宝宝准备了各种各样的高档营养品，价格昂贵，宝宝每天食用。但宝宝身高和体重都比同龄孩子落后，看上去也没有同龄宝宝机灵。妈妈纳闷，宝宝吃得都是最好的营养品，怎么发育倒落后了呢？

儿童营养关系智力发育

大脑的生长和身体其他部位发育一样，离不开营养支持。营养跟不上，就不能满足机体新陈代谢需要。有资料表明，婴幼儿期营养不良可使脑细胞减少30%～40%，严重的可影响大脑的结构组成。

出生时婴儿吸收营养成分和氧气有50%是被大脑消耗的。早期营养不良，即使以后营养得到改善，智力的恢复和赶超也很困难。

有人对3岁前和3～5岁被美国中产阶级收养的韩国孤儿进行了一项研究，他们在被收养前普遍营养不良，被收养后，营养状况有了很大改善。结果发现，营养状况较早得到改善，智商发育越好，3岁前被收养的孩子智商明显高于3岁后被收养的。

英国著名医学与健康刊物《流行病学与公共卫生杂志》刊登了一篇学术研究报告，该报告从营养的角度指出，儿童如果吃太多含糖和脂肪的加工食品，后期可能发展为智力低下；而那些营养摄入合理的孩子，大脑会得到良好的发育。

《美国精神病学》杂志发表文章称，儿童在3岁出现营养不良迹象，缺乏大脑健康发育所需的蛋白质、铁、锌和某些B族维生素，长大后很有可能智商偏低。

营养不良会影响智力发展，严重营养不良会造成智力发育迟缓。3岁前，重视宝宝营养供给，保证蛋白质、维生素、矿物质和微量元素的合理摄入，有利于智力发育。

★宝宝饮食：做到合理，才能保证营养

宝宝出生后以母乳为主，随着宝宝不断长大，一般6个月后，开始添加辅食，怎么添加？添加什么？就需要根据宝宝不同时期的发育情况和营养需求合理调整。否则，将不利于宝宝的成长。

据儿科专家提示，不满3岁的幼儿如果摄入过多的蛋白质、盐或糖也会对健康产生负面影响。

1.6个月前，以母乳喂养为主

母乳喂养对宝宝的好处很多，母乳中含有较多的不饱和脂肪酸和

乳糖，钙、磷比例适宜，适合宝宝的消化和需要，不易引起过敏反应。吃母乳的宝宝很少发生腹泻和便秘。母乳中富含利于婴儿脑细胞发育的牛磺酸，有利于促进宝宝智力发育。

母乳中含有多种增加宝宝免疫抗病能力的物质，可使宝宝在第一年中减少患病，预防各类感染。特别是初乳，含有多种预防、抗病的抗体和免疫细胞，这是任何代乳品中所没有的。而且母乳可以随宝宝的生长发育调整热量，也会随气候的变化而调整脂肪量和水分含量。

母乳喂养应按需喂食，每天可以喂奶6～8次。如果婴儿体重不能达到标准体重，需要增加母乳次数。最少坚持完全纯母乳喂养6个月，从6个月开始添加辅食的同时，应继续给予母乳喂养，最好能到2岁。

2.6个月～1岁：奶类为主，逐渐添加辅食

从6月龄开始到1岁仍然以奶类为主，在保证婴儿每天600毫升～800毫升母乳量的基础上，应按由少到多、由一种到多种、由稀到稠的原则循序渐进地添加辅食。

先添加谷物类食物，一天摄入量不超过110克；然后添加蔬菜和水果类，一天摄入量不超过50克；动物性食品主要包括鸡蛋1个，鱼类肉类一天摄入量不超过40克；油类最好是植物油，一天不超过10克。特别提醒的是，这个阶段的宝宝要多晒太阳，以补充母乳中含量较低的维生素D和维生素K。

不管妈妈多么想让食物变得鲜美，在调料的使用上都尽可能地少糖、无盐、不加调味品。辅食形态应从泥糊类过渡到半固体或固体食物。泥糊类食物主要包括蔬果汁、菜泥、稀饭、米汤等；软饭、蔬菜粥、软面条等属于半固体食物；固体食物则指的是馄饨、饺子、馒头、米饭等。

3.1～2岁：混合性食物为主，鱼、肉、蛋要保证

这个年龄段宝宝的食物以混合性食物为主，奶类摄入量350毫升以上。为了防止缺铁性贫血，饮食中要适当增加鱼、瘦肉、奶、蛋，要到100克。深海鱼类的脂肪有利于幼儿神经系统发育，可适当多吃。谷类和蔬菜的食入量也要增加，谷类食物不超过125克，新鲜绿色、红黄色蔬菜和水果各150克，植物油20克。

这个阶段的宝宝虽然能吃跟大人一样的食物了，但还是以蒸、煮、炖、煨等方式为佳，口味清淡不宜过咸，并尽可能不用味精、鸡精等调味品。

4.2～3岁：保证每天奶量，注意多吃蔬菜

这个年龄段的宝宝咀嚼能力、消化吸收能力都有了较大提升，每日摄入牛奶量仍然不能低于350毫升，谷类、肉蛋类较2岁以前有所提升，特别是蔬菜类，新鲜绿色、红黄色蔬菜和水果都要超过150克，最好达到200克以保证维生素、微量元素和矿物质的摄入。

这个阶段的宝宝有了一定的独立自主性，往往会挑选自己喜欢的食物，为了防止宝宝发生偏食，家长要注意迎合宝宝的喜好，把食物做成宝宝喜欢的样子，以保证全面摄入营养。

母乳，宝宝吃多少呢

红红是一位新手妈妈，从怀孕那天起就立志做个好妈妈。宝宝降临后，红红百般呵护。宝宝母乳快两个月了，红红几乎每天都在担心宝宝吃不饱，怕饿着了影响发育。红红喂奶的时候，每次都想着让宝宝多吃一会儿，宝宝吐出了奶头，还要塞进去！偶尔赶上哪天奶不好，就会冲奶粉！夜晚，宝宝一哭，红红就抱起来喂奶，可每次又吃不了多少，搞得宝宝和自己都疲惫不堪。白天，宝宝玩腻了，就会抓妈妈的衣服，红红就觉得宝宝可能饿了，也会给宝宝喂奶或者冲奶粉！

红红觉得，只要宝宝吃，就比不吃好！但是，有一件事引起了奶奶的警觉，宝宝大便闻起来像臭鸡蛋一样。奶奶说，宝宝是不是吃太多了，消化不良啊？红红说，怎么会呢？宝宝吃得不多啊！

母乳有利于大脑发育，吃饱就好

当下，儿童专家提倡母乳喂养。母乳中含有宝宝成长发育所需要的脂肪、蛋白质、碳水化合物、维生素、矿物质等基本物质。其中，含量丰富的氨基酸、牛黄氨基酸是大脑发育的重要物质，居其他食物含量之首。母乳中的胆碱可以促进脑发育，提高记忆能力，保证信息传递，调控细胞凋亡，促进脂肪和体内转甲基代谢，降低血清胆固醇。

儿科专家张思莱教授指出，母乳中含有多种可促进儿童大脑发育的活性物质，特别是一种叫作牛磺酸的特殊氨基酸和不饱和脂肪酸，不仅能增加脑细胞的数量，促进神经细胞的分化与成熟，还有助于神经节点的形成，吃母乳有助于孩子的智力发展和拥有健康体魄。

最新国际研究首次证实：母乳中营养素特定组合（DHA、胆碱、叶黄素）相互作用对6月龄婴儿的认知能力有积极影响。其中DHA、胆碱和叶黄素之间相互作用，影响与感觉、认知记忆、语言相关的多个脑区。

与配方奶粉相比，妈妈较为成熟的免疫系统可以产生抗体，通过乳汁传递给宝宝，能抵挡住细菌侵袭宝宝的身体。

母乳有利于大脑发育，那是不是吃得越多越好呢？当然不是！

宝宝一段时间体检发育良好，体重增加正常，也没有特别的哭闹现象，平时的哺乳量就是吃饱吃好了。

正常状态下，出生1天的宝宝每次吃奶15毫升～20毫升、3天每次吃奶约50毫升。这个阶段大约2小时喂一次。慢慢地，妈妈就可以找到宝宝吃奶的规律了，一般3个月大的宝宝吃奶后白天能安静3.5～4个小时，再吃下一次奶。夜晚，间隔的时间可以更长，宝宝没有饿醒，就不用把宝宝喊起来喂奶了。

一般来讲，宝宝饥饿时会用嘴去探索周围事物，寻觅可以吃的食物，稍大点就会直接往妈妈身上爬，掀妈妈衣服，找到奶头吸吮。没有得到及时满足，宝宝就会哭泣，一声比一声高。

宝宝吃完奶后精神饱满，愉快、安静，还露出欢快的表情，代表吃饱吃好了。

有的宝宝身体弱，吃着吃着就睡着了，这样吃不饱，就会导致恶性循环。吃奶时，妈妈可以跟宝宝说说话，逗逗宝宝，给宝宝个玩具拿着。

如果宝宝每次吃奶都超过20分钟，不愿意松开奶头，一副意犹未尽的样子。一两个小时后，又饿了，那可能是奶水质量问题，也可能是宝宝没吃饱，导致容易饿。

☆ 因宝宝而宜，按需喂养

怎么确定宝宝是不是吃饱了？吃到一定程度不吃了，即使不多，长得很好，就可以放心了。喂养是一件灵活的事情，只需掌握按需喂养、定量定时喂养的原则，结合喂养时间、宝宝的便便就可判断宝宝是否吃饱。

1. 母乳喂养，通过时间掌控

母乳喂养，妈妈可以通过掌控时间来控制每次的喂奶量。正常婴儿哺乳时间是每侧乳房10分钟，两侧20分钟已足够了。10分钟，前4分钟几乎吃到了总奶量的80%～90%，后6分钟宝宝通过吸吮刺激催乳素释放，增加下一次的乳汁分泌量，同时也是满足宝宝口欲期的吸吮需求，有利于加深母婴感情。吃足20分钟，不强行拽出来。

宝宝的吸吮速度、月龄也决定了吸吮时间不同。新生儿期只吃母乳，喂奶次数可以多些；添加辅食后，次数少些，时间更有规律。

2. 看便便，确定宝宝是否吃得好

大便的形状呈稀糊状，有时有点像鸡蛋汤，还有的偶尔有少许绿色便，则表示正常。

宝宝每天大便5～10次，含有较多未消化的奶块，一般无黏液。如果是混合或人工喂养，可在奶粉里多加一些水将奶配稀些，还可适当喂些含糖盐水，也可适当减少每次的喂奶量而增加喂奶次数，坚持两三天。如果还不改变，就要去看医生。

宝宝粪便量少、次数多，呈绿色黏液状。这种情况往往是因为喂养不足引起的，给宝宝多吃一些。

宝宝大便稀，有大量泡沫，带有明显酸味。未添加辅食前的婴儿出现黄色泡沫便，表明奶中糖量多了，应适当减少糖量，增加奶量。添加辅食的宝宝出现棕色泡沫便，则是食物中淀粉类过多所致，减少或停止食入米粉类辅食。

宝宝大便闻起来像臭鸡蛋一样，这表示宝宝蛋白质摄入过量，妈妈应减少宝宝蛋白质类食物的摄入。

宝宝大便呈淡黄色、液状、量多，像油一样发亮，在平面上可以滑动。这表示食物中脂肪过多，要减少脂肪类食物的摄入。

各类拌饭：改善了食欲却拖累了成长

有位妈妈说：“我家宝宝2岁，特别喜欢吃甜食，没有甜的就吃不下饭，如果在粥里拌上冰糖可以一次吃一碗，反之，含在嘴里没味道就给吐出来，再往嘴里送就紧闭双唇了。虽然知道小孩吃糖不好，但是为了让她吃进一些饭，也不得不给放入一些糖。吃点糖总比不吃饭好吧？”

糖拌饭和汤拌饭，均影响生长发育

当下，宝宝吃得最多的就是糖拌饭和汤拌饭。这两类拌饭都不利于宝宝成长发育。

关于宝宝喜欢吃甜食这件事，是个世界性的问题。美国一项研究表示，宝宝喜吃甜食或许与他处在成长发育期有关。研究负责人、华盛顿大学苏珊·科德韦尔说：“他们长身体时会消耗大量卡路里，因而身体会做出喜吃甜食的反应。”研究人员觉得吃甜食有其内在“动力”：身体能有效地把这些甜食转化为成长所需的能量。

由此看来，食入一定量的甜食有利于宝宝成长。但是，如果宝宝非甜食不吃，不加糖就不吃米饭、馒头、粥之类的主食，恐怕就不利于宝宝成长了。从医学的角度看，还是少吃为好。

1. 甜食吃多了容易得儿童糖尿病

据统计，中国已成为全世界糖尿病患者数量最多的国家，总数达9200万人，低龄化趋势严重。河北医科大学第一医院内分泌科收治年龄最小的一名糖尿病患者只有4岁。儿童也会得糖尿病，且发病率占全部糖尿病人数的5%。据国内资料的不完全统计：儿童糖尿病的发病率为5/10万。

要想减少糖尿病的发病率，最为重要的一点就是无病防病，也就是说要提倡科学合理的生活方式，引导儿童多吃新鲜水果和蔬菜，不暴饮暴食，少吃糖分多的食品和饮料，多参加体育活动。

2. 多吃甜食增加儿童肥胖症的发病率

宝宝摄入过多的糖类物质后，如果在体内得不到消耗，便转化为脂肪储存起来，造成宝宝的肥胖，为成年后某些疾病的发生埋下了祸根。婴儿期肥胖时脂肪细胞不仅体积增大，而且数目增多，因而以后发生成人肥胖的可能性大。婴儿肥胖易患呼吸道感染、哮喘和佝偻病。

肥胖还会影响宝宝智力发育，学习方面运算和思维的敏捷性处于劣势，动手能力、辨别能力、认识事物的能力不如普通儿童。

3. 多吃甜食不利于消化

甜食会消耗体内的维生素，使唾液、消化腺的分泌减少，而胃酸则增多，从而引起消化不良。

4. 容易导致钙和维生素缺乏

婴儿摄入过多的糖类，消化的过程中需要消耗身体储备的维生素和钙，否则就无法代谢分解。如果食用的糖量超过食物总量的16%～18%，就会使宝宝的钙质代谢发生紊乱。若长期糖摄取过量，极易造成儿童营养不良，抵抗力下降，增大患近视的危险，影响骨骼和智力发育。

5. 伤害肠胃，累及咀嚼能力

吃汤拌饭，宝宝几乎不咀嚼就吞咽进去，而1岁左右正是宝宝口腔发育的关键期，缺少咀嚼，会影响牙齿的发育及排列，不利于脸部、口腔肌肉的生长，也影响肠胃功能的发育。

咀嚼能力发展不起来，稍大一些后，宝宝就会拒绝吃颗粒较大的固体食物，不吃硬度大的蔬菜，造成偏食、挑食。所以，1岁以内的孩子饮食要丰富一些，加入一定硬度的辅食，而不是每天吃汤拌饭。

★ 不拌，也能吃得津津有味

宝宝不是不可以吃甜食，相反，宝宝每天摄入一定量的甜食还有利于身体健康。所以，我们只需想办法不让宝宝摄入过多的甜食就好了。

1. 用水果代替甜食

我们知道，大部分的水果都是甜的，相比于糖类来讲，还富含多种维生素和矿物质，所以，我们不妨从宝宝小的时候就培养他养成吃水果的习惯。这样，不但摄入了宝宝成长发育所需要的糖类，还可以避免摄入糖类过多。

2. 用各种酱料佐餐

在面条里放上芝麻油、芝麻酱，闻起来很香，吃起来也非常有味道。

很多宝宝不喜欢吃蔬菜，如果把蔬菜与甜味调料混合起来，这样就能督促宝宝多吃蔬菜。比如，用沙拉酱拌黄瓜、生菜蘸甜酱、山药蘸蓝莓酱等。

在饺子、包子的馅里放入虾、贝、鱼肉等海鲜，也能令宝宝食欲大增。

3. 宝宝都爱“饭团”

大多宝宝都爱紫菜包饭，小小饭团，包裹各种食材，如肉松、黄瓜、鸡蛋、火腿、胡萝卜、虾皮等，用脆脆香香的紫菜包裹起来，用手抓着吃，太合他们的心意了！

妈妈们也可以别出心裁制作豆片包饭、面片包饭，包裹的食材根据节气、宝宝的营养需要来搭配。

端碗追着喂，何苦呢

那天，去朋友家，她家2岁的宝宝吃饭真费劲儿啊！妈妈喂米饭，不吃，又夹了一个黄瓜片，对宝宝说："好香啊！张嘴，一大口！"宝宝低头闻了闻，睁眼看看妈妈，一转身跑了，到门口继续给芭比娃娃换衣服。妈妈跟过去，夹了一块鸡蛋，对宝宝说："吃饱了，才好给娃娃洗衣服啊！"就这样，吃了足足1小时，也不过两三口。妈妈说："一天三顿饭每天都得追着喂，每次都累得腰酸腿疼，什么时候是个头？"

饭罢，大家在旁边聊天，宝宝则一边看电视一边吃薯片。一袋吃完，奶奶拿过一根肠，宝宝摇头："还要薯片！"家里没了，奶奶就穿鞋下楼去买。

宝宝不是"大胃王"

在吃饭这件事情上，被相同问题困扰的妈妈不在少数。每个人都会饿，饿了就需要吃，孩子当然也不例外。宝宝的消化系统功能还不是很强大，每次吃得少，饿得也会更快一些，就更需要及时补充食物。很多宝宝到了吃饭的时候不吃，什么原因呢？

当宝宝还在母乳期的时候，看到大人吃饭，就会吧嗒吧嗒着嘴，伸着小手对着饭菜喔喔喔地叫，馋得不行。等宝宝能吃饭了，胃口着实不错，不管什么，都能吃几口。然后，就闭嘴了，意思很明显，吃饱了。

这时，大人怎么做的呢？很多妈妈是“威逼利诱”，“吃完带你去玩，去找小朋友玩沙子，看大骆驼去”。为了让宝宝多吃一些，把那些“妈妈眼里的营养物质”，填到宝宝肚子，而不管宝宝肚子饱没饱、想不想吃。只要宝宝意志薄弱，就顺从了。

宝宝虽然顺从了妈妈，但让妈妈费了周折，还落下个“宝宝不好好吃饭”的恶名。

妈妈们请不要太主观，什么叫好好吃饭？绝不是一定要吃进妈妈规定的量、搭配好的食物！

宝宝发育正常、身体健康、精力旺盛，就没必要为宝宝吃进肚子里的食物没有达到我们的标准而担心甚至焦虑。每个宝宝的饭量都有差别，有的宝宝天生吃得比较多，有的宝宝则天生吃得比较少。

在吃饭这个问题上，宝宝有自己的想法。家长觉得高蛋白食物有利于宝宝成长，总是千方百计想要让宝宝多进食一些高蛋白食物。而宝宝上顿吃了较多的高蛋白食物，到了下顿还没有消化，没有饥饿感，当然就不想吃了。如果家里到处都是零食，花花绿绿的，宝宝随手就能拿起来吃，那到了正餐就不饿了。

另外，宝宝的食欲有高峰也有低谷，上顿吃多了有积食，这顿就不想吃，不吃反而是很好的自我保护方式。

如果家长不但不理解反而催着宝宝一定要吃进去，追着喂，宝宝一边玩一边吃，属于被动的吃饭，大脑没有积极地参与进去，消化过程也是被动和消极的，很容易败坏宝宝的胃口，导致以后宝宝不好好吃饭。

孩子和大人一样，当肚子里有食物，胃的排空不足，饥饿中枢得不到应有的刺激，没有向孩子的大脑发出饥饿要吃的信息，自然就吃不下饭了。

☆顺从孩子的心，保护孩子吃饭的热情

家长要想宝宝正常吃饭，甚至是每餐都吃得很香，那么就要顺从宝宝的心，在这个基础上培养起宝宝良好的饮食习惯，才能保护孩子吃饭的热情。

1.食谱不要重复、单一

关于合理搭配饮食，很多妈妈都懂餐桌上要有饭、有菜、有肉、有汤等。这一点很多妈妈都能做到。但是要想宝宝有好胃口，还要考虑到宝宝上顿吃了什么、吃了多少，再安排下顿的食物。比如，中午宝宝吃了牛肉饺子，而且吃得很饱，晚上的时候，妈妈就可以给宝宝煮粥，搭配小菜。这样，即使中午吃得饭还没有消化完，晚上也能少吃一些稀粥！

2.能自己吃，就自己吃

从心理发展阶段的角度来讲，两三岁的孩子正处于自主性发展的关键期，他渴望着自己处理自己的事情。给宝宝买一个餐椅，吃饭的时候，宝宝有了自己的位置，这样，能够增强宝宝的被重视感，也在宝宝心中建立了吃饭只能坐在餐桌前的规矩。

宝宝能自己吃，却不好好吃，妈妈可以帮忙，让他多吃几口，适当放宽一下时间，太久了，可以不等。吃得好，要奖赏一下。“好宝贝，今天把饭都吃完了，自己吃的，鼓励鼓励，亲一下！”“宝贝吃得这么认真，奖励一朵小红花！”

3.尽量不吃零食

现在的零食品种很多，花花绿绿很吸引宝宝，吃起来口感也不

错，宝宝很喜欢。这也是影响宝宝胃口的一个重大原因。我们平时除了在两餐之间吃少量的水果、小点心外，家里绝不要放太多的零食。即使宝宝不吃正餐，宁可饿着他，也不要给他买零食填补。

4.多运动，促进消化

宝宝长时间待在家里，就容易吃多。如果我们把宝宝带出去运动，那样，不但减少了食物的摄入，同时也促进了肠胃活动，能够增强宝宝的食欲。

5.不制止宝宝的尝试行为

3岁前的宝宝对什么都好奇，猎奇范围自然也包括餐桌上的餐具和食物。不管宝宝对什么发生兴趣，我们都不要拒绝，更不要斥责宝宝，只需在吃饭前把宝宝的手洗干净就好了。因为宝宝不是捣乱而是好奇，等他的好奇心获得了满足，他就不会抓饭抢勺子了，我们也就省心了。

Chapter 03
一定要睡得好！神经细胞在睡眠中发育

睡不好觉的宝宝越来越多了！缺觉，意味着大脑发育受到抑制。神经元是最基本的脑细胞，在睡眠状态，大脑的神经元会伸出所谓的神经纤维突触，互相联系，制造出新的联络路径，使得脑内信息传递路径增加。

睡眠有多重要呢

有位妈妈说："我家宝宝4个月了，睡眠不好，一夜好睡眠不到5个小时。晚上也不好好睡，哼哼唧唧到11点以后才能睡觉，睡着了伸胳膊蹬腿，夜里2点多钟醒来吃奶后得玩一会儿，折腾两三个小时才睡。白天，要轮番抱着晃悠，好不容易睡着了，有动静就醒！"

睡眠质量这么差，会不会影响宝宝成长呢？

好睡眠有助于大脑发育

一个人如果不睡觉，就无法维持生命。100多年前，俄罗斯有一个禁止小狗睡眠的实验。实验发现，在禁止睡眠的小狗中，有很多神经元受伤、损坏，最终导致小狗死亡。人类和动物一样，完全不睡觉的话，是绝对会死亡的。

当一个人长时间不睡觉，就会没有精神、犯困、打哈欠，这是大脑为保护神经元不受伤害而发出的信号，提醒该睡觉了，大脑要休息了。仍然熬夜的话，神经元就会受到伤害，直至脑死亡。在睡眠状态，大脑的神经元会伸出所谓的神经纤维长突触，互相联系，制造出新的联络路径，使得脑内信息传递的路径增加。

对孩子来说，睡眠质量的好坏直接关系到生长发育。首先，睡觉有利于大脑发育，可使大脑神经、肌肉等得以松弛，解除肌体疲劳；孩子睡着后，体内生长激素分泌旺盛，其中促进人体长高的生长激素在睡眠状态下的分泌量是清醒状态下的3倍左右。要想让宝宝好好成长，一定要有充足的睡眠。

如果宝宝睡眠不良，大脑和身体没有正常发育，可能会出现语言缺陷、食欲下降、吞咽困难等问题，有的孩子还会因为身体问题而变得害羞、叛逆、攻击他人，有些儿童还可能患上多动症、矮小症、强迫症、抑郁等疾病。

美国斯坦福大学阿普尔鲍姆博士等人研究表明：大脑可以通过睡眠来完成对信息的整理和保存并形成记忆。

《美国国家科学院院刊》刊登的一项研究也显示，有午睡习惯的幼儿记忆力更好。

美国波士顿麻州大学阿默思特学院利用图像记忆游戏，对3～5岁的孩子进行了测试，游戏要求孩子记住包括猫、伞、警察等在内的图片在一副网格中的位置。结果发现，有午睡习惯的孩子记住的图像比没午睡的孩子多了一成。同时，对孩子的脑波监测也显示，午睡使他们的大脑将部分短期记忆转化成了长期记忆。午睡期间，大脑会重复“播放”，从而让新的记忆停留更久。

研究者强调，有些孩子没有养成睡午觉的习惯，父母不太在意。这项研究表明，孩子睡午觉非常重要，它能帮助孩子巩固记忆，以利于将来顺利进入正式学习阶段。从婴幼儿阶段开始，每天即使只午睡20分钟，也会利于孩子健康。

★ 培养宝宝良好的睡眠习惯

宝宝睡不好觉原因有很多，这个需要针对宝宝的具体情况来判断。良好的睡眠习惯和睡眠生物钟是从婴幼儿期培养的。注意睡眠前的环境和定时睡眠，对解决入睡困难有帮助。

1. 睡眠环境要适宜

良好的睡眠环境让宝宝感到舒服、放松，很容易入睡。睡眠一般都在自己家里，妈妈要保证室内空气新鲜，最好早晨宝宝醒来后把他抱到另一房间，然后给宝宝的房间开窗换气。

宝宝最好单独睡在自己的小床上，被、褥、枕套要干净、舒适，应与季节相符。宝宝怕热，不要盖太厚的被子，燥热会妨碍睡眠，更不要穿棉衣棉裤或太多的衣服睡觉，如果宝宝尿湿了需要及时更换。

任何时候大人都不要在宝宝的房间睡觉。室内温度以18～25℃为宜，不要过冷或者过热。同时，大人尽量避免高声谈笑，保持室内安静。

如果是夜晚，早早把窗帘拉上，房间不要太黑也不要太亮，切忌通宵开灯。医学研究表明，婴儿在通宵开灯的环境中睡眠，可导致睡眠不良、睡眠时间缩短，进而减慢发育速度。因为婴儿的神经系统尚处于发育阶段，适应环境变化的调节机能差，卧室内整夜亮着灯，势必改变了人体适应的昼明夜暗的自然规律，从而影响宝宝正常的新陈代谢，危害生长发育。

2. 睡眠时间有规律

宝宝睡眠的生物钟是培养出来的，妈妈注意每天要在同一时间安排孩子上床睡觉。大脑皮层有一种特性，叫“动力定型”。经常按一定的时间睡眠，形成了动力定型，这样孩子自然而然地就养成了适宜的生物钟，妈妈稍微努力一下宝宝就睡着了。

宝宝都有睡觉前洗脸、洗手、洗脚、洗屁股、换睡衣、漱口的习惯，家长可以把对身体清洁的工作放到睡觉前，这样可以起到提示、暗示孩子要睡觉了的作用。

3. 即使同睡一床也不陪睡

对于小宝宝来讲，和妈妈同睡一床能增进母子情感，方便妈妈照顾宝宝。但是，即使这样妈妈也不要和宝宝同睡一个被窝。因为长期这样会令宝宝出现“恋母”心理。所以，从1岁起就培养宝宝独立睡觉的习惯。

你的宝宝到点就睡吗

中午时分，一位妈妈推着宝宝在小区里溜达。宝宝在小车里东看西看，很精神。妈妈说：“宝宝不睡觉，在家里爬来爬去，大声喊叫，影响家人休息，我就带出来了。”

原来，宝宝奶奶从凌晨1点陪到3点，困得不行，这会儿在补觉。晚上他闹的话，好值班。一家4个人，要轮流看护。

宝宝到了睡觉的时间不睡，真熬人啊！

准点睡觉，大脑更聪明

孩子不好好睡觉，最苦恼的是家长，不睡的话，就容易哭闹、黏在父母身上，很耽误事情，也很心烦。按那位家长说的，如果当下的宝宝都不好好睡觉，家长们就没有几个轻松的了。事实是这样吗？当然不是，耐心走访一下，就会发现在宝宝睡觉方面，很多家长是很省心的，并没有这么累。

宝宝到点不睡觉，家长陪着，耗费精神，宝宝生长发育也会受到影响。

上海交大医学院附属儿童医学中心儿童行为发育研究室主任江帆

连续18年跟踪调研上海市儿童睡眠情况，得到的结论令人深思：每日睡眠时间小于9个小时，孩子在注意力、自觉性、学科综合成绩等方面普遍差于睡眠充足的孩子。

美国《流行病学与公共卫生杂志》刊登英国一项新研究发现，每晚准时睡觉的孩子，大脑发育更好。

伦敦大学研究人员对11178名儿童睡眠习惯与认知测试成绩进行了对比分析研究。他们调查了孩子在3岁、5岁和7岁时上床睡觉的规律、家庭社会经济状况、家庭成员构成及生活规律等。结果显示，近20%的3岁孩子上床睡觉不准时；5岁和7岁时，这个比率分别下降至9.1%和8.2%。参试儿童7岁时接受认知能力测试，内容包括阅读、数学和空间想象力。对比结果发现，3岁时每晚准时上床睡觉的孩子，7岁时认知能力测试中成绩明显好于睡觉没有规律的孩子。同时，研究人员发现，只要孩子能准时上床睡觉，上床太早或太晚并不影响孩子的认知表现及学习成绩。

研究负责人塞克尔博士分析指出，每晚上床睡觉不准时容易干扰孩子昼夜节律，也容易导致他睡眠不足，进而影响大脑“可塑性”。睡眠不足和不准时上床睡觉都可能损害孩子的认知能力，只是影响的方式不同。因此，家长应该让孩子从小养成准时睡觉的习惯。

★ 养成准点睡觉的习惯

宝宝睡足了醒来就玩，胃口好，精神愉悦，身心发育好。帮助宝宝养成准时睡觉的习惯，就能保证睡眠时间。

1. 定好睡觉时间点

如果把睡觉时间定在晚上8点，那么，7点以前就吃饱，7点半左右洗澡，洗干净了，冲好奶粉，让宝宝喝着躺到床上，酝酿觉意。

7点以前，妈妈就把宝宝的小褥子铺好，窗帘拉好。家里有人看电视的话，把声音调小，或者干脆关掉。

妈妈陪着宝宝躺下，更利于宝宝入睡。妈妈要放下手机、电脑，等宝宝睡了以后，再出来做自己的事。

定下了时间，每天都是这样，宝宝就容易养成准时睡眠的习惯。否则，朝令夕改，难以养成习惯。

2. 睡前排尿，熟睡不叫醒

夜间叫醒宝宝排尿，宝宝会哭闹不安，再次入睡需要较长时间，有的干脆就玩上了。当宝宝的泌尿系统发育到一定程度后，夜里自然能控制自己，两三岁以后的宝宝夜里小便时，有的已经知道叫人，有的会在有尿意时自然醒了，根本不需要非把宝宝弄醒不可。

3. 白天也要有固定时间

有的宝宝白天睡一次，有的睡两次，都无妨，有个固定时间很重要。在固定时间让宝宝午睡，10点半或者11点半都可以。养成习惯后，到了时间宝宝就会犯困、不闹觉。白天不比晚上安静，为了让宝宝尽可能地多睡会儿，动静太大的事情就不要做了，保持安静一些更利于宝宝入睡。

宝宝突然跪着睡了

有位奶奶说："我们家孩子可调皮了，最近竟然跪着睡觉！撅着小屁股，朝拜一般！看他不得劲，也怕窒息，抱着翻过来，他马上就翻过去。两腿拉直了，他又蜷回去！"

怎么突然这么睡了？就从最近开始？以前是侧躺着睡、仰卧着睡，前一段趴着睡，现在竟然跪着睡了？

有位妈妈说："我也纠结宝宝的睡姿呢。3个多月了，最近老是侧着睡。每次奶奶见到都会把宝宝的头搬正，即使宝宝醒来或者大哭奶奶也照做不改。奶奶的理由很充分，侧着睡脑袋会睡偏了，还容易把耳朵压坏了。好好的脑袋怎么会偏呢？如果总是仰卧位睡觉才会把脑袋睡扁呢。我心里这么想，但是却没有十足的把握说服奶奶，宝宝的睡姿也就由奶奶说算了。"

我觉得不管听谁的，最重要的是要真正搞清楚宝宝怎么睡最合理，最不会伤害到宝宝。

认识常见的三种睡姿的利与弊

睡觉的时候，宝宝最常采用的睡姿有趴睡、侧睡、仰睡。这三种睡眠姿势对宝宝的健康和成长各有利弊，我们只有了解了这一点，才能帮助宝宝选择适合的睡眠姿势。

1. 趴睡

趴睡的姿势正契合宝宝在妈妈子宫里的姿势：腹部朝内，背部朝外的蜷曲姿势。这种姿势是最自然的自我保护姿势。宝宝采用这个姿势睡觉更有安全感，容易睡得熟，不易惊醒。

趴睡还能使宝宝抬头挺胸，锻炼颈部、胸部、背部及四肢等大肌肉群，促进宝宝肌肉张力的发展。

趴睡还能防止因胃部食物倒流到食道及口中引发的呕吐及窒息，消除胀气。

趴睡的姿势一般是这样的：胸部和腹部朝下贴着床，背部和臀部向上，脸颊侧贴在床面。3个月以内的宝宝，由于头颈肌肉无力，自己转动头部的能力非常有限，如果床褥过于柔软，很容易因为窝住头部发生窒息。

对于小宝宝来讲，长期趴睡会压迫内脏，不利于宝宝的生长发育。

2. 侧睡

侧睡又分左侧睡和右侧睡，对宝宝的成长有很多优势。

宝宝睡在自己头部的颞侧，小脸转向一边，身体侧卧，在睡眠中万一发生回奶，奶液会顺着嘴角流到口腔外，不易发生口鼻堵塞，比较安全。

同时侧卧不会使枕骨（后脑勺）受到挤压，较少出现正扁头。但如果长期固定一侧方向，也容易出现“歪扁头”。

3. 仰睡

仰卧姿势可使全身肌肉放松，对宝贝的内脏，如心脏、胃肠道和膀胱的压迫最少。但是，也有一些弊端：1岁以内的宝宝非常容易回奶，在睡眠中可能堵住宝宝的口鼻，会引发窒息。长期采用仰卧位也最容易造成后脑勺扁平。

☆ 选择睡姿的几个参考点

既然每种睡姿各有利弊，分别适合不同年龄、不同身体状况的宝宝，那么，妈妈就要考虑周全了再做决定。

1. 新生儿不可以趴睡

在西方国家，小儿科医师都会告诉家长，不要让新生儿趴睡，因为趴睡导致婴儿猝死的概率比较高。新生儿一般不会自己翻身，当脸朝下睡的时候，不能主动避开口鼻前的障碍物，导致呼吸受阻，只能吸收到很少的空气而缺氧；而且新生儿的消化器官发育不完善，当胃蠕动、胃内压增高时，食物就会反流，阻塞本已十分狭窄的呼吸道，造成婴儿猝死。三四个月前的小婴儿，应尽量避免趴睡。

2. 仰睡最安全，小宝贝要提防枕头

宝宝最安全的睡姿是仰睡，此种睡姿可使其呼吸道畅通无阻，一定程度上避免了婴儿猝死。据统计，在美国自从推广了仰睡法后，曾居高不下的婴儿猝死综合征的发生率随之大幅度下降，从每年约死亡5000人下降到不足3000人，值得妈妈借鉴。

但是，随着宝宝不断长大，会有足够的力量移动头部，通常在其进入睡眠状态后1个小时左右，头往往会离开枕头。当宝宝挪动头颈部的时候，枕头会遮住口鼻而发生窒息。所以，当宝宝睡熟的时候，父母要留意宝宝的头部，看是否从枕头上移动下来。

3. 小婴儿巧用枕头，两侧交替睡

小婴儿一般不用枕头睡觉，这种情况下可以选择两侧交替侧卧，有利于宝宝塑造优美的头形轮廓。为了让宝宝身体更有依靠，宝宝侧卧时，用个稍硬的枕头拥住其背、臀部。

4. 6个月以后宝宝自由选择睡眠姿势

6个月以上的宝宝头形基本固定，头颈部的肌肉也已发育到一定程度，只要宝宝睡得香，睡觉的姿势可以自由一些。这个时候，宝宝在睡觉的过程中可以随意变换姿势，即使宝宝的头从枕头上滑下来，斜着身体睡都没必要纠正。

5.特殊宝宝根据自身情况选择睡姿

患先天性心脏病、先天性喘鸣、肺炎、感冒咳嗽时痰多、脑性麻痹、腹水、血液肿瘤、肾脏疾病及腹部有肿块等的宝宝，不适合趴着睡。

患胃食道逆流、阻塞性呼吸道异常、斜颈等的宝宝，可以尝试趴睡，以帮助缓解病情。下巴小、舌头大、呕吐情形严重的小孩，必须趴睡。

“抚养困难型宝宝”难入睡

有妈妈反映：“我家宝宝特别难入睡，每次睡觉都得抱好久。有时候一撂到床上又醒了。有人告诉我要给宝宝营造良好的睡眠环境，我都做了，可宝宝还是很难入睡！有时宝宝困得不行，哼哼唧唧地哭，但就是不肯睡！”

有的妈妈说，1岁以前好带，除了吃就是睡，吃饱了就睡，很省劲。

有的妈妈却觉得非常难带，一宿哭醒好多次，要抱起来晃悠才肯睡觉。

同是小宝宝，面对的是睡觉问题，为什么区别这么大呢？这是因为不同的宝宝的气质类型不一样，抚养起来难易不同，在入睡上也有体现。

婴儿的三种气质类型决定入睡难易

美国心理学家托马斯和切斯通过一项“纽约纵向追踪研究”的结果，得出了划分气质类型的五个维度，分别是：节律性、适应性、趋避性（积极探索或者消极被动）、典型心境（情绪状态）、反应强度。这五个维度与亲子关系、社会化、行为问题密切相关。在婴儿阶段，人们根据这五个维度把婴儿的气质划分成三种类型。

1. 容易抚养型宝宝

这类气质类型的宝宝，生活有规律、节奏明显；容易适应新环境、新经验；主动探索环境，对新异刺激反应积极；愉快情绪多；情绪反应适中。

2. 抚养困难型

这种气质类型的宝宝，生活规律性差；难以适应新环境、新经验；对新异刺激消极被动，缺乏主动探索周围环境的积极性；负性情绪多；情绪反应强烈。

3. 发展缓慢型

这种气质类型的宝宝，对环境变化适应缓慢；对新鲜事物反应消极，对新异刺激适应缓慢；情绪经常不愉快；心境不开朗。

但是在没有压力的情况下，他们会对新颖刺激缓慢地发生兴趣，在新情境中逐渐活跃起来。这类儿童随着年龄的增长，特别是在成人关爱和良好的教育作用下会逐渐发生变化。

不同的宝宝气质类型不一样，在入睡方面表现也不一样。容易抚养型的宝宝很容易入睡，即使有各种声音困扰也不会影响睡觉而大闹不止。而抚养困难型的孩子则是稍微不顺心或者睡着被吵醒就情绪波动很大难以入睡。

宝宝的气质类型是先天性的，影响着父母的教养方式，这就要求父母的抚养方式必须与宝宝的气质类型相匹配，否则，我们会觉得宝宝非常难带。

☆ 哄宝宝入睡：不同气质类型采用不同方法

既然不同的宝宝气质类型不一样，对环境的适应能力不同，那么，我们就要根据宝宝不同的气质特点给予恰当的抚慰，以帮助宝宝减少睡眠障碍，提升适应能力，养成良好的睡眠习惯。

1. 容易抚养型宝宝的最佳处理方式

这种气质类型的宝宝出生后，比较好抚养，不怎么爱哭。困了，妈妈抱起来摇摇就能睡着。宝宝睡着睡着醒了，妈妈也无须立即抱起来，可以从容地检查一下：有没有尿、有没有不舒服、有没有做噩梦什么的，不用担心宝宝大哭不止。因为这类宝宝情绪比较稳定，完全可以等着妈妈看清楚，处理好了，再接受妈妈的抚慰。

只要妈妈有足够的耐心，都可以哄宝宝入睡。

2. 抚养困难型宝宝的最佳抚养方式

这类宝宝一般比较难以入睡，入睡前发生"磨觉"的概率比较大。通常困了的时候，会大哭。家有这样的宝宝，妈妈要有足够的耐心，当宝宝困了的时候，慢慢地哼歌哄宝宝入睡。最好是在入睡前就给宝宝吃饱，同时要营造一个安静的入睡环境，不让宝宝受到不良刺激。

醒来后，如果需求不能即刻得到满足，就会大哭大闹。妈妈除了不要因此乱了阵脚外，也不要动作太慢。最好是一边查看宝宝有没有尿、有没有饿、有没有冷什么的，一边安慰宝宝。对于这类宝宝，睡觉前把宝宝最喜欢的、最熟悉的玩具放到旁边，慢慢地，宝宝就迷糊着睡着了。

3. 发展缓慢型宝宝的抚养方式

这类宝宝，困了也比较难入睡或者常常入睡好长时间也进入不了深睡眠状态，很容易醒。即使睡着了，如果妈妈不在身边陪着，可能会醒来。一旦醒来，再入睡变得更困难。妈妈要尽可能地陪宝宝睡熟后再离开。

夜里哄宝宝入睡，不要把宝宝抱起来，可以打开床头灯，宝宝在微弱的灯光下看到妈妈微笑地看着自己，心里会很踏实。妈妈拉着宝宝的小手，有节奏地轻轻抚摸其后背，宝宝很快就能入睡。

家有小小宝，每个人都要噤声吗

有位妈妈说：“自从生了宝宝后，家里每个人都静悄悄的，大嗓门的奶奶不敢高声说话了；爷爷咳嗽的时候会端着痰盂去楼道里；爸爸玩游戏的时候会关掉声音……如此用心良苦，是担心吵醒了睡觉的宝宝或者影响了宝宝入睡！但宝宝呢？他并不领情，睡眠时间仍很短！”

不需要为了宝宝睡觉而噤声

妈妈希望宝宝能够睡个好觉，于是，不惜一切地为宝宝营造一个良好的睡眠环境。其实，这么做完全没有必要。当宝宝进入深睡眠以后，一般不容易醒来，父母刻意营造安静的环境，反倒影响了父母的生活，降低了宝宝对外界环境的适应能力。

从宝宝方面来讲，宝宝成长的目标之一就是适应环境。如果宝宝一出生就生活在特别安静的环境里，宝宝会变得非常娇贵，对嘈杂环境的适应力不强，一点点声音都会打扰到宝宝，影响睡眠质量。

小的时候，一睡觉家人就要噤声，长大后，没有这样的条件，宝宝就会不适应，进而影响学习和生活。适应性越小锻炼越好，适应正常环境是宝宝实现社会化的目标之一。

有的家长之所以会在宝宝睡觉的时候噤声，考虑就是让宝宝有一个良好的睡眠，以促进宝宝更好地成长。从当时当下来看，也许无声的环境对小宝宝更有好处；但是从长远来看，有正常声音的环境才是能够让宝宝睡个好觉的良好环境!

凡事有个例外，对于睡眠不是很好、比较贪玩的宝宝，在哄宝宝入睡的时候，家里人离开一下，去做自己的事情，可以避免吸引宝宝注意力。

★ 提高宝宝的“噪声免疫力”

当宝宝拥有了良好的睡眠习惯，到了睡觉的时间他自然而然地就会犯困，睡醒了就能自然醒来。那么，怎么培养宝宝良好的睡眠习惯呢?

1. 按需睡觉的原则下，培养规律

宝宝出生以后到1岁前，最科学的睡眠方式就是按需睡觉，也就是宝宝想睡多长时间就睡多长时间，想什么时候睡就什么时候睡。这并不等于宝宝睡觉没有规律，事实上，宝宝每天的睡眠时间是被大脑保存下来了。

2. 浅睡眠时保持安静，深睡眠时不噤声

到了宝宝睡觉的时间，我们就要全力支持宝宝睡个好觉。宝宝在浅睡眠状态保持安静，进入深睡眠后我们就可以做自己的事情了。

如果宝宝刚刚眯眼，或者时不时地抬抬胳膊，这个时候属于浅睡眠状态，宝宝卧室里的人尽量不要出声，更不要挪动宝宝的玩具。而其他房间里的人，只要不大声喧哗，该干什么就干什么是没有问题的。

如果宝宝四肢变软，身体的姿势变得非常舒服，呼吸也均匀，还常常露出笑容，说明宝宝已经进入了深睡眠。这种情况下，妈妈可以做自己的事情了。更不需要噤声。

3. 重视晚上的睡眠

要想让宝宝夜间安稳地睡觉，在宝宝晚上睡着时，爸爸妈妈一定不要大声喧哗，特别是宝宝刚刚睡着的时候，更要轻手轻脚，以免惊动了宝宝。

到了早上，即使宝宝还在熟睡，也不需要刻意轻手轻脚地做事，到了该醒的时候了，睡太多了反倒影响晚上的睡眠。为了有更多的活动量，早晨醒来后，妈妈可以陪着宝宝玩一会儿，如，可以两只手掐着宝宝的腋窝，让宝宝跳一跳，也可以和宝宝一起玩玩拍手游戏等。

如果宝宝属于睡眠比较少的那一类，白天就尽可能地少睡，以免影响夜间睡眠。如果宝宝特别能睡，那么，只要宝宝晚上可以睡一宿（一般指晚上9点以后睡觉，到第二天早晨6点以后醒来），那么，白天宝宝想睡就可以让宝宝睡。

处理好宝宝的各种“闹觉”

有位妈妈说：“我儿子虽然不到2个月，但是却会‘闹觉’了。每天晚上8点前后，就开始哼哼唧唧，稍微不顺心就能哭背过气去！可是，不管多么尽心晃悠，宝宝就是不入睡。”

有位宝宝2岁了，平时妈妈跟他商量点事情，他都能听懂，但睡觉的事情除外。即使睡前做了很好的动员工作，等躺到床上的时候，还是睁着双眼东瞅瞅西看看不肯入睡。有的时候还会冲着妈妈大哭，要求妈妈躺下来抱着，但就是不肯睡！妈妈有事情要做，任凭妈妈好话说尽宝宝就是搂着妈妈的脖子不松手，根本听不进妈妈说什么！

类似于上面的情况，都是宝宝“闹觉”。宝宝“闹觉”，妈妈们很苦恼，于是，看似简单的睡眠问题，成了令父母头疼的大事情。

别让“闹觉”成为坏习惯

宝宝困了就要睡觉，但是从醒着到睡着需要一个过程，在这个过程中，有的宝宝吃饱了放在床上几分钟就睡着了，有的宝宝妈妈抱着或者拍着几分钟也睡着了，这样的宝宝不算“闹觉”。而有的宝宝则不然，睡觉前总是又哭又闹地“磨人”，需要人抱着晃悠好久才能入睡。

抱着、拍着睡觉，对于没有养成睡眠习惯的宝宝来讲是非常需要的，妈妈可以这么做。但是，随着宝宝不断成长，就要在这个过程中建立一个睡眠的习惯。习惯是一种自动化的动作或者稳定的行为方式，对宝宝的行为有引导和规范的作用。如果随着宝宝的不断长大，家长没有帮助宝宝建立起一个良好的睡眠习惯，那么，“闹觉”将成为一个坏习惯跟随着宝宝成长。所以，家长要想办法做好睡前工作，让宝宝顺利入睡，宝宝就不会“闹觉”。

做好睡前工作，宝宝不“闹觉”

如果宝宝没有身体不舒服，也不是处于对妈妈的思念情绪当中，当宝宝犯困的时候，父母处理得当，宝宝就不会“闹觉”。

1. 先满足宝宝的生理需要

宝宝每天睡眠时间长，吃饱了喝足了玩够了就是睡觉。如果到了宝宝睡觉的时候他却是在哭，那么就要先看一下宝宝是不是有“目的性”地哭。如果是的话，就先解决宝宝的需求，饿了给宝宝吃奶，尿了给宝宝换好尿布，处理完之后再哄宝宝睡觉。如果没有先满足宝宝的生理需要，不管怎么哄，宝宝都难以入睡，即使费了九牛二虎之力把宝宝晃悠着了，也睡不沉，一会儿就醒来，还得从头再来。

2. 不要急于放到床上

牛牛出生40天了，最近一反往日睡不够的状态，困得睁不开眼却是放到床上就醒过来。妈妈没辙，抱着宝宝从卧室到客厅晃悠，这一招不错，总能让宝宝的上下眼皮粘到一起，感觉宝宝睡着了妈妈轻轻地长出一口气，把宝宝放到小床上，宝宝睡意立即不如刚才，妈妈一边轻拍宝宝一边嘴里哼哼着摇篮曲，可惜宝宝一点都不领情，不到5分钟就醒过来了。妈妈不解，是睡着了，怎么撂下就醒了呢？

其实，这与妈妈把宝宝放下的时间有关。当宝宝处于浅睡眠状态的时候，有的宝宝被放到床上的时候可能会接着睡，而有的宝宝则会醒来。所以，妈妈一定要根据自家宝宝的实际情况慎重对待。如果宝宝很容易醒来，那么就多抱一会儿，等宝宝睡熟后，再把他放到床上。这个时候，妈妈可以躺下来轻拍他，或者陪在宝宝身边做一些自己的事情。有妈妈在身边，即使宝宝醒来也能自行入睡。

3. 宝宝突然醒来，别急于抱着

无论是白天还是晚上，宝宝都会出现一种情况，那就是睡着睡着就睁开眼睛四处望望或者哭几声。这个时候，有的妈妈会把宝宝抱起来重新哄入睡。妈妈这么做本是出于好意，可结果却是让宝宝无法入睡，停留在了没睡醒的状态，不停地哭闹。为了防止这种情况出现，当宝宝突然醒来时，妈妈不要立即抱起宝宝，先试试轻拍他，让他自行再入睡。

4. 增加宝宝的活动量

随着宝宝不断长大，能够进行的活动也越来越多，比如，小宝宝可以抱出去看看风景、在床上爬爬、玩玩玩具，大宝宝可以到处走走等。这个时候，我们可以根据宝宝一般的睡眠时间，让宝宝在睡觉时间到来之前多活动活动，身体感到累，就没精力闹了，很容易哄入睡。

5. 准备好安慰物

有的宝宝躺在床上会有吃手、咬被角、抓脸等动作，这些动作不卫生，也容易感染。为防止养成这些不良习惯，妈妈可以在宝宝睡觉前把宝宝最喜欢的玩具放在枕边或者手边，这些东西在宝宝眼里是最亲密的“亲人”，会带给他安全感，有助于宝宝进入睡眠状态。

6. 闹觉时，妈妈不要过于急躁

宝宝入睡需要一个过程，有的宝宝几秒钟就好，有的宝宝则要哭闹几分钟，有的宝宝要玩几分钟。不管哪种表现，妈妈陪着宝宝更有利于度过“磨觉”过程自然而然入睡。

为了加速宝宝快点入睡，抱着宝宝摇晃、拍打，不是好方法。用劲儿大了或者不当，小宝宝很可能发生脑轻微震伤综合征，发生脑震荡、颅内出血。轻者发生癫病、智力低下、肢体瘫痪，严重者出现脑水肿、脑疝而死亡。如果眼睛里的视网膜受到影响，可导致弱视或失明。因此，10个月内的宝宝一定不要摇晃。

Chapter 04
行动力影响智力：坐、爬、站、走

儿童运动发育与大脑的发育密切相关，有研究显示早产儿精细动作发育商明显低于足月儿。宝宝获得某项运动技能，如坐、爬、站、走等，是神经系统发育成熟后身体各部位综合发展的结果。掌握了某个大动作，认知水平随之提高，从而增强大脑发育。

动作发育四件大事：坐、爬、站、走

有个宝宝，走路时的姿态有点像鸭子般左摇右摆。家人没有在意。刚学走路，哪能那么稳当呢？大家把走路不稳归因于宝宝没有掌握好平衡。走了几个月，还是一点儿进步没有！体检的时候，问了一下医生，医生建议去儿童医院检查。结果出来了，先天性髋关节脱位。比较宽心的是，脱位角度比较小，矫正一段时间就可以。

大动作发育迟缓，可能与疾病有关

坐、爬、站、走是宝宝大动作发展的几个重要阶段，一般情况是，五六个月会坐，七八个月会爬，11个月前后独自站立，1～1.5周岁会走。如果到了相对应的月龄，宝宝却没有相应的表现，就要多留心。

宝宝大动作落后，与一般水平相比，也就差2个月。如果宝宝的大动作发展明显慢于一般水平，妈妈就要和几种疾病对照一下了。

1.脑性瘫痪

脑瘫患儿3～4个月大时，腿的踢蹬动作明显少于正常婴儿，且很少出现交替动作；到了会坐、会爬、会走的时间，常常明显落后于同龄的宝宝；即使爬行起来姿势也很怪异，表现为四肢屈曲，臀部高于头部，抬头困难，双上肢不能支撑身体。

2. 先天性肌肉病

这类患儿与脑瘫有本质区别，虽然都有行动不便的症状，但很多孩子的智商没有任何问题，仅仅是肌肉出了毛病。四肢肌肉无力、肌肉疲劳、萎缩，可能有麻木、肌肉不自主运动、肌肉疼痛等现象。

3. 先天性重症肌无力

这类疾病与遗传有关，多在出生时或其后不久出现，眼外肌受累明显，常可累及面部肌肉而影响进食。全身肌无力少见。

4. 脊髓性肌萎缩症

脊髓性（进行性）肌萎缩是一种具有进行性、对称性、以近端为主的弛缓性瘫痪和肌肉萎缩为特征的遗传性下运动神经元疾病。通常自手的小肌肉开始，蔓延至整个上肢和下肢，反射消失，感觉障碍不出现。

5. 患有先天性髋关节脱位

这种疾病不容易发现，不痛不痒，只有仔细观察才会发现宝宝屁股两边不对称，双腿不愿意分开，走路时的姿势像鸭子般左摇右摆。

先天性髋关节脱位是一种儿童四肢畸形的疾病，主要受遗传因素、子宫内机械性因素及婴儿的包裹方法等多项因素影响。肌肉张力下降，不能顺利爬行。脱位侧的下肢会显得比较短，走起路来一跛一跛的；即使情况最轻的，大腿皮肤纹理也会出现不对称的情况。

☆ 通过大动作异常，辨别宝宝疾病

宝宝大动作异常可能预示着某种疾病，任何疾病都是早发现治愈可能性高，能减少疾病对宝宝的伤害。

1. 观察宝宝大动作发展

宝宝的大动作发展是与月龄相对应的，如果没有，或者拖后了，就要检查一下。大运动发育落后患儿常常表现为：身体在出生后就发软，不像正常婴儿那样，仰卧时四肢为屈曲状，四肢松软好像“平摊”在床上一样；肢体活动少、幅度小，学会抬头的时间明显过晚。

宝宝有这样的表现，要立即就医。

当然，很多宝宝只是发展慢，并没有疾病征兆，这种情况，就无须着急。

2. 查小儿髋关节是否脱位的方法

髋关节脱位可能是养育不当导致，早发现基本能够治愈。妈妈可以按着下面的方法自行检查一下。

宝宝躺着，将他的双髋朝两边展开（膝盖呈直角，大腿与身体垂直）。如果宝宝的双腿硬硬的，不能展开，基本可肯定是小儿髋关节脱位；如果宝宝两条大腿的条纹不对称、腿有长短，也往往是小儿髋关节脱位。

有下列情况的两种以上，也要及时去医院检查，以排除患病的可能：给宝宝换尿布时，听到关节有响弹声；到了学步期，宝宝却不太爱走路；宝宝走路时，老是一只脚放在另一只脚上；宝宝走路时，一摇一摆像只小鸭子。

宝宝坐起来

宝宝6个月还不会翻身，身体很软，不会坐，为什么呀？怎么办？

孩子10个月了不会自己坐起来，大人把他扶坐，一撒手就倒了。身边的宝宝都会站了，我宝宝还不会坐，着急啊！

坐，是一个重要的成长过程

美国得克萨斯农工大学的心理学教授在研究了5个半月～6个半月婴儿的认知能力后发现，自己会坐着的6个半月大的婴儿的认知能力比不能自己坐的孩子要强。但当5个半月的孩子被研究人员扶着坐起来时，认识事物的能力要比趴着或躺着学习的同龄孩子更强。这项研究表明，如果孩子在学习独立坐着的时候落后于他人，就很可能失去许多学习的机会，影响大脑其他方面的发展。

那么，宝宝多大会坐呢？一般情况是这样的。

宝宝6个月就能坐着了，然后身体能前撑、侧撑、后撑，坐着转圈后，就能坐着玩、坐着吃，完全告别趴躺着的世界了。

宝宝学坐之前，已经有翻身的能力，到了五六个月，宝宝会从翻身转为出现坐的模样。不过，一开始姿势不是很标准，腰部力量也不够，往往刚坐下去就又倒了。这时，可以给宝宝后面弄个支撑，靠垫、被子都可以，当然妈妈的身体最好了。7个月左右，宝宝基本能自然地坐着玩一会儿了。

随着月龄的增加，骨骼越发健壮，神经系统更发达，肌肉越来越有力，身体控制有很大的进步，宝宝坐姿也越来越稳定。通常到了八九个月大时，就无须大人扶着或借助椅背，可以独立坐得不错。

但是，总有一些宝宝超前或者落后，超前宝宝的妈妈们没什么可担忧的，落后的，妈妈就着急了！

★ 支持宝宝顺利坐起来

一过6个月，妈妈就着急，宝宝怎么还不会坐呢？于是，扶着宝宝练习！宝宝很拧，两腿挺得直直的就是不弯曲！怎么回事呢？很简单，没到会坐的时候，宝宝不想做！要想练习，得宝宝想坐了，听你摆布了，才可以！

1. 坐不稳，不要急

随着宝宝渐渐长大，家长一天一个惊喜。能抬头了，会翻身了，坐起来了。妈妈们好像都希望宝宝动作发育快点，到什么时候会什么，才预示着宝宝没问题，才能心安！

每个宝宝都有自己的成长步伐，快或者慢于平均水平，都很正常。如果宝宝刚会翻身，还不是很利索，就急着教他坐，会损害宝宝的身体发育。

母体内的胎儿受到子宫空间的限制，以及为了日后顺利从产道分娩出，全身的许多骨骼是软骨，出生后才逐渐变粗变长演化成硬骨，这个过程一般要持续到22～25岁才最后完成。婴幼儿的骨骼硬度差、弹性大，容易变形，肌肉力量也不足，不能耐受过强的运动。早早学坐会影响宝宝脊柱发育。

2. 练习坐，不要时间过长

即使宝宝有了坐的意识，练习坐也不要时间太长，每次5分钟，每日2～3次为宜。如果长时间让宝宝坐着容易脊椎侧弯。

如果宝宝还小，4个月或者5个月，没有坐的意识，就没必要练习。

等宝宝能熟练坐了，妈妈可在宝宝的面前摆放一些玩具，引诱他去抓握玩具，这样有助于宝宝越坐越稳。

3. 观察脊柱变化

有些宝宝坐着时背脊会产生突出的情形，可能代表着宝宝太瘦了；但如果发现在背脊突出处有皮肤颜色异常的状况，就需要小心留意。

4. 会坐后，好好看护

床对刚学会翻身和坐立的宝宝而言，无疑存在着一定的危险。从床上滚下、坠落容易使宝宝的头部受到严重的伤害，妈妈一定不要把宝宝独自长时间放在床上。如果是一个人看宝宝，可在床边安装护栏，以避免宝宝翻身、坐立时发生意外事故。

要不要爬呢

曾经见过一位年轻的妈妈，下班回家见儿子正在爬来爬去，扭身拿来一个学步车，把儿子提溜了进去。

家长之所以这么做，是因为他们觉得走才是身体的常态，爬只是一个过程，略过爬行之后还是会走路。而且，爬行肯定会让宝宝沾染上细菌，很不卫生。但是，这些家长却没有想到，爬行对宝宝的身心发育有着很重要的作用。

当我们费尽心力、财力带宝宝去早教机构做益智训练时，却没有想到我们剥夺了孩子爬的权利就是荒废了智力发育。

爬有多重要

爬行可以训练身体和四肢的动作，并通过大脑的指挥，协调向前爬行、后退和移动。爬着去寻找玩具，会使孩子认识到，看不到的东西可以找到，这也是宝宝认识世界的一个新起点。宝宝的运动、神经等系统在爬行中能够得到非常充分的锻炼。这不但有助于宝宝骨骼、肌肉、神经、大脑的发育，而且可以为他更早、更好地认识世界打下良好的生理基础、心理基础。

感觉统合失调是近年来常常被儿科专家提到的名词。在3～13岁儿童中，有10%～30%的儿童不同程度存在注意力不集中、平衡能力差、易摔倒、胆小、内向、手脚笨拙、爱哭等症状，这并不是一般的教育问题，而是儿童大脑发育过程中某些功能不协调所致，在医学上被称为感觉统合失调。一些孩子在宫内超重，不能顺产，只能选择剖宫产。剖宫产的孩子因为缺少生产时母体的挤压，很容易感觉统合失调。而爬行是目前国际公认的预防感觉统合失调的最佳手段。

爬行是一种综合性的强体健身活动，有助于视听觉、空间位置感觉、平衡感觉的发育，促进身体的协调；爬行需要大、小脑之间的密切配合，多爬能够丰富大、小脑之间的神经联系，促进脑的生长。

爬行是宝宝第一次全身协调运动，能促进血液循环流畅，并且可以锻炼胸肌、背肌、腹肌以及四肢肌肉的力量，促进肌肉、骨骼的生长发育。爬行消耗的能量较大，能促进消化、提升食欲。

爬能够促进宝宝语言发展。宝宝迷恋爬的时候也是语言发展的关键期。语言交流的频率，取决于肢体语言的频率，会爬的宝宝不断地用自己的身体探索周围的世界，父母的语言提示、宝宝的肢体语言、与父母的行为互动都有助于宝宝提高语言表达的能力。

妈妈们如果稍加留意就能捕捉到宝宝爬行时轻松快乐、肆意穿梭的自得神情，如果硬让他行走，他要么扭动身体以示不愿意，要么就神色胆怯。有经验的妈妈会把宝宝带到外边的空地上，那里比家里的床要硬，摔倒了会更不舒服，爬行起来要加倍小心，很能锻炼宝宝的勇气。爬行不是一次就会的，需要学习，宝宝把这些学习经验内化后，有助于增强宝宝的自信。

☆ 让宝宝尽情地爬吧

宝宝爬行需要身体各部位与床面、地板、地面充分接触，可能会给手部、膝盖、腿部、肚子等带来伤害，还可能碰头，但这些都不是不让宝宝爬的理由！宝宝想爬了，就开心地迎接吧！

1. 给宝宝准备好“爬行装”

爬行需要手部和脚部甚至腿部都要贴着接触面，在学习爬行初期，还可能整个腹部趴下，所以，在着装上要有一些讲究。小宝宝初学爬的时候，最好穿连体服，这种衣服的上衣和裤子形成一个整体，爬行时不会暴露宝宝腰部和小肚子，更不会摩擦肚脐。有的宝宝肚脐没有发育好，更要小心被蹭到。到了顺利爬行的时候，就可以穿普通衣服了。衣服一定要合体，不要穿太软、绒绒太多的外衣，那样太累赘，会影响宝宝爬行的兴致。

对于比较淘气、探索欲望比较强、爬行速度比较快、胆子比较大的宝宝，为防止磨破肘和膝部的皮肤，爬行时最好穿上护肘、护膝。

2. 清理好危险因素

爬行年龄段的宝宝，对事物的辨识能力比较差，又恰逢口唇期，喜欢把见到的东西往嘴里塞。因此，家里要保持干净，纽扣、硬币、别针、耳钉、小豆豆、药、香烟、化妆品等都不能出现在宝宝够得着的范围内。这个够得着不仅指的是宝宝双手直接够，还包括宝宝通过拉桌布、推盘子等间接够。有时，间接够带来的连锁反应更不好收拾。比如，宝宝拽桌布导致桌子上的热水瓶、茶具、热的饭菜等掉下来，砸到或者烫到宝宝都很危险。再如，宝宝爬到插座附近，用小手按插座，一旦电线或者插座破损或漏电就可能触电。

3. 选择合适的爬行场地

家中的床及地面是宝宝爬行的最佳地点。在地面爬时，要考虑地面材质，过凉过硬，都不舒服。有效的补救方法是：在地面上铺一块地毯，也可以用巧拼塑垫铺出一方宝宝乐园。如果是木地板直接擦干净就好了。我们有时虽然设计得很好，但是却不能防备宝宝爬出我们设计的范围。宝宝的抵抗力不是很强，为了避免沾染细菌，如果是在家里，妈妈要把房间的每个角落打扫干净。在外面，家长就要注意看护好宝宝。

4. 不要让宝宝采取跪姿

跪姿使两腿形成“W”状或将两腿压在屁股下，如此都容易影响将来腿部的发展，最好的姿势是采用双腿交叉向前盘坐。

5. 宝宝不熟练，等一等

一开始宝宝通常会出现手脚不协调、原地打转或越爬越后退的情况，或是出现匍匐前进的姿势，也就是肚子贴地，双手想办法前进的模样。要等到手脚肌肉力量足够，加上掌握前进的概念后，宝宝才会变成肚子离地，手脚并用地爬行。

6. 会爬后，鼓励宝宝爬起来

宝宝学会爬以后，妈妈要鼓励宝宝多爬。比如，给宝宝食物或者喂奶时，故意坐到另一边，招呼宝宝爬过来。妈妈把宝宝喜爱的玩具藏起来，鼓励宝宝爬来爬去寻找。夏季带宝宝去沙滩、草坪，在广阔的天地里，宝宝的爬行欲望更强。

宝宝不会爬怎么办

军军快11个月了，还不会爬，妈妈好担心啊，每天在网上查关于脑瘫的资料。儿子四方脸，两只眼睛大而有神，不是脑瘫长相。会叫爸爸妈妈，妈妈跟他说话领会得很快。

妈妈还担心，宝宝不会爬，是不是感觉统合能力失调呢？会不会影响写字、读书、工作呢？一些妈妈说，自家宝宝没有爬就会走了！可军军不会爬，也不会走啊！

大概在11个半月的时候，军军爬了起来。四肢着地，身体拱起，一口气爬到了爬行毯的另一端！

每个宝宝终将会爬

宝宝在三四个月大时，如果老把宝宝放在推车里，宝宝就很难有机会主动去爬。爬行可以促进孩子四肢和躯体的协调平衡能力，使全身肌肉得到锻炼；爬行也可以促进孩子感知觉（如深度知觉）的发展，有助于增进三维理解判断力，比如谨慎防跌。在本年龄阶段应鼓励孩子爬行，如在他可以触及的范围内放置一些引诱孩子的物品可以有效地让他做到这一点，不要将孩子老抱在手上，剥夺了孩子在地板上玩耍、爬行的机会。

很大一部分宝宝是在9个月左右就开始爬了，有的会早一些，有的会晚一些，有的可能先会走然后才会爬。不管哪种情况，都不是问题。

有的宝宝六七个月的时候扶着东西就能站起来，10个月左右就会走了。此时，没有必要强迫孩子学习爬行技能。很多这样的宝宝，会走了也就会爬了。

对于不会爬或者爬行姿势异常、不对称，动作不协调，有行动障碍的宝宝，如果运动技能明显落后，还觉得智能有问题，有必要去儿科就医，评估有无神经系统发育障碍和一些脑损伤状况。

☆给宝宝创造条件，让他利索爬行

宝宝到处爬会扩大活动范围，搞乱我们摆放整齐的物品是他的活动目标。即使给我们带来了很多麻烦，还是希望他能早日像小猴子一样灵活地爬行。

1. 从动作要领开始教宝宝爬

宝宝6个月左右可以训练爬行了，妈妈可以把孩子喜欢的玩具放在需要宝宝爬行一小段距离才能够得着的地方。孩子翻身后，妈妈教宝宝先往前伸左手，然后右手跟上，接着右膝盖往前移，然后左膝盖跟上。开始时，宝宝容易肚皮贴地，前肢后肢都用不上力。妈妈可以从后面给宝宝助力，轻轻推动宝宝的脚，鼓励宝宝用力向前。慢慢地，宝宝就能学会用上肢支撑身体，用下肢使劲蹬，四肢协调地向前爬行。

2. 督促宝宝爬行的有效方法

如果宝宝比较懒，不愿意爬，那么就督促一下宝宝吧！把家里的小席子卷成圆状，让宝宝趴在席子上，将席子一边压在身下，妈妈推动席子，让宝宝随着席子的展开而朝前爬。

3. 同会爬的宝宝一起玩耍

有些宝宝不会爬，可能是因为不知道怎么做。小宝宝的模仿能力很强，这时可以找一个会爬的小朋友来玩，两个宝宝在一起，鼓励他们爬。当宝宝看到另外的小伙伴爬行时，他也就会模仿，很快学会爬。

4. 增强“懒宝宝”的爬行欲望

选择一个宽敞安全的地方作为宝宝的小小游乐区，将宝宝趴着放在地面上，在宝宝面前150厘米左右的地方放一个宝宝喜欢的玩具。玩具能够吸引宝宝的注意力，促使宝宝向前移动身体。宝宝爬过来时，妈妈可以把玩具一点点往后退，让宝宝向前爬得更多。当宝宝够到玩具时，要让宝宝玩一会儿，并表扬宝宝，增强他的成就感。

撒手，站起来

有位妈妈说："我宝7个月了，能扶着床栏杆站起来了，是不是太早了？每次他站起来，我都要把他放下，让他坐着玩。宝宝太顽皮，根本坐不住，就愿意站起来。我现在无比担心，这么早会站立伤到骨骼怎么办呢？"

还有一位妈妈说："我宝都1周岁了，还不会站着，更不用说走了！看着身边比他小的宝宝都会走了，我想练练，可扶着他站一会儿，他两腿一弯就坐下了，不愿意站啊！有老人说，练练就好了！真的是那样吗？"

宝宝什么时候能站着

从医学的角度看，小孩的骨骼钙化不完全，骨质较软，一般情况，宝宝只有到11个月左右下肢骨胳的强度才能支撑起他的体重。如果在此之前，宝宝不是自己会站了，妈妈就没有必要让宝宝长时间练习站。宝宝的下肢骨骼还未有足够的承重能力负重时，勉强宝宝去学站立，容易造成孩子的"O"型（罗圈腿）、X型腿。

站立是走路之前的动作，宝宝有能力站立时，表示手部肌肉及腰力、腿力都已经控制得不错了。所以，七八个月的时候，宝宝就会喜欢蹬腿，然后在大人的扶持下想要学站，到了九十个月，宝宝会努力使身体站立起来。通常在11个月大前后，宝宝就可以独自站立，不需要依靠物品。

当然，有的宝宝个子过高、身体比较重，下肢支撑不住，站的时间就会稍晚一些。

如果妈妈观察宝宝足够细心，会发现很多宝宝爬着爬着就站起来了，站起来后，又坐下了。坐着玩一会儿，又爬到了其他地方。会走的宝宝，会不停地走。站这个动作，会了，就是会了，并不常用！

★ 宝宝不会站，扶不扶

总有一些宝宝，在大部分同龄宝宝会站的情况下，还是不敢站，每天爬得不亦乐乎！这个时候，要不要扶着宝宝站起来呢？

1. 顺其自然，不要过早扶站

过早扶站是教育中的不尊重行为，会伤害宝宝。父母可以观察孩子想学站的时机，不需要刻意提前。宝宝生长发育是一个从量变到质变的渐进过程，换句话说，一个健康的孩子，不论是智能或是体格的发育都会随年龄而水到渠成地逐一健全起来，过早介入孩子的发育过程无异于拔苗助长，有害无益。

2. 胆小宝宝，多扶扶

有的宝宝站起来后，东张西望，看到没有人保护，立马就坐下，害怕摔倒。这样的宝宝摔倒后，心灵受到的挫折最大！宝宝伸出两手，扶着床头或者沙发背，我们就主动扶着宝宝的腰，宝宝感到安全了，就会大胆地站起来，还会扭头冲你笑一笑！

多扶几次，宝宝的腿部肌肉更健壮，身体的平衡力更强，更有勇气了，宝宝就不需要妈妈扶了。宝宝摔跤了，胆怯了的时候，妈妈可以用双手牵着孩子的小手，慢慢将他拉站起来，重塑信心。

3. 扶站要讲究方法

当宝宝刚刚有了站立的欲望时，妈妈要两手扶站，不要想着拉宝宝的手走，对宝宝来讲，现在行走还很难。可以双手支撑在宝宝腋下，扶着宝宝让他跳一跳！宝宝不老实，经常弯腰拿东西，妈妈可多用一些力气，稳住宝宝，让宝宝自由玩耍！

宝宝玩着玩着，就会扶着依靠物站起。这个时候，多鼓励宝宝，给宝宝营造一个有高低层次的环境，让他有机会自己站起来。如果站不起来，向妈妈求助，赶紧给他帮助。

当两手扶着宝宝能站较稳时，可以撒开一只手！如果宝宝扶着依靠物了，妈妈可以放手，让宝宝自己站着。

4. 保证环境安全

宝宝有了站的欲望以后，会扶着东西自己站，站不稳，会摔倒，为了防止宝宝跌坐或者摔倒时，不被尖锐的物品伤到，妈妈每天都要清理好环境。宝宝经常待的床、沙发、爬行毯、地面等，都要仔细检查。

这个年龄段的宝宝喜欢够高处，趴在地上，一只手撑地，一只手够茶几上的、床头柜上的、矮柜里的东西等，一定要把可能烫到、挤到、压到宝宝的东西收拾好。

怎么做，走得好

宝宝过了1周岁，妈妈们见面，问得最多的事情就是，你家宝宝会走了吗？我家宝宝还不会走呢！一点儿走路的意识都没有，每天开心地爬来爬去！玩着玩着，自己站起来了，扭头一看我没在身边，“啪”的一声就坐地下了！有时扶着沙发站住了，也不敢迈步。

宝宝走路有早有晚

宝宝经过了抬头、坐、爬几个阶段后，妈妈关注的就是宝宝是否会走。一般情况，宝宝从11个月的时候开始走路，到1周岁半就能顺利走路。有的孩子晚一些，可能要到2周岁才能走平稳。

宝宝走路有早有晚，跟遗传基因、养育方式、性格特点、出生月份都有关系。冬天出生的婴儿走路迟些，他们1周岁左右正值冬季，穿着臃肿的棉袄、棉裤，活动不方便。

宝宝到了1周岁，还不会走路，有的家长会着急。大量研究结果表明，婴儿学会走路的年龄与今后生活中的任何能力之间都没有很大联系。

对于智力、骨骼和肌肉发育正常的宝宝，只要经常户外活动，到一定年龄自然会坐、会走，父母不必过于担心。

通常到了1岁半到2岁，所有的孩子都不需要扶就能顺利走路。如果宝宝过了2岁还不能顺利走路，就要去医院检查是否存在生长迟缓问题。

但是，总有一些妈妈希望孩子走得早一些，认为这样看到的世界更广阔，更有利于大脑刺激。

据专家介绍，过早地学走路，宝宝因看不清眼前较远的景物，便会努力调整眼睛的屈光度和焦距来注视景物，这样会对宝宝娇嫩的眼睛产生一种疲劳损害，反复则可损伤视力。

婴儿出生后视力发育尚不健全，小宝宝个个都是“目光短浅”的“近视眼”，爬过去可以看得清楚一些，眼睛不费力就满足了探索欲望，有利于视力健康正常地发育；相反，过早地学走路，小孩因看不清眼前较远的景物，便会努力调整眼睛的屈光度和焦距来注视景物，这样会对小儿娇嫩的眼睛产生一种疲劳损害，时间久了则损伤视力，和近视眼不配戴眼镜会使视力越发下降一个道理。

☆ 不要急着学走路

从心理发育的角度来看，宝宝1岁前后开始走路，2岁前后能走得稳稳当当，都不会影响宝宝的自主、独立意识的发展。

1. 会走前，爬比走重要

1周岁之前的婴儿期是宝宝感觉调整的阶段，这种调整过程需要多少时间没有划一的标准。所以，对于宝宝何时能开步走，应该耐心地等待，顺其自然。

与其急着教宝宝早点学会走路，倒不如让宝宝多多练习爬行。到1岁左右时，可有意识地让他和比他略微大一点的小孩一起走走玩玩。宝宝会通过观察、揣摩和模仿，学习走路。

再如大人经常向上牵着婴儿的手走路，由于宝宝肘部桡骨小头的环状韧带薄弱，这样可能发生桡骨小头半脱位；过早地走路，由于宝宝小脑发育尚未完善，也影响孩子的平衡功能，容易发生意外。

2. 练习走路要循序渐进

11个月左右或者更早，宝宝能够扶站了，妈妈扶着他会主动迈步，这预示着可以练习走路了。12个月左右，可以练习蹲—站。蹲不但能促进宝宝的腿部肌力，还可以提升身体的协调度，保证宝宝在走不稳的情况下身体有个缓冲，不摔倒。1周岁以后，宝宝能够自己扶着走后，就可以放手了。走稳了之后，就到处走了。这时，带宝宝体验各种环境，更有利于宝宝的发展。

宝宝爱光脚，可不可以

“我家宝宝老光脚跑，现在天开始冷了，担心中！”“穿袜子又穿不住！”“我家宝宝一到家就脱鞋脱袜子，光脚跑来跑去！看着就凉！给他穿上，他又脱了！”“脱的次数多了，就打屁股！也没用，照样脱。”

天气暖和，光脚走路好处多

3岁前宝宝喜欢光脚。中国家长一般不喜欢孩子脱袜子，但国外的家长都不会管孩子，因为这可以促进孩子的感知，是培养触觉的一种方式。

“如果不生病的话也没有关系的，小孩子就是喜欢光脚的。有小朋友脱了鞋踮着脚走路，一般都是刚学走路的孩子，不用管他们，慢慢就好了。怕孩子受凉，是家长的习惯问题。”育婴专家建议，如果孩子喜欢光脚，一般建议家长不去干涉。

在干净、安全的环境里，经常让宝宝光脚行走，有着不少的好处。第一，让孩子的双脚裸露在阳光和空气中，有利于足部汗液的分泌和蒸发，增加肢体的末梢循环，促进脚部以及全身的血液循环和新陈代谢，增强植物神经和内分泌的调节功能，提高身体的抗病和耐寒能力，能预防感冒、腹泻的发生；第二，光脚走路无拘无束，能促进脚部以及全身的血液循环和新陈代谢，宝宝自然食欲大增，身高和体重长得也快了；第三，经研究显示：长时间光着脚走路，能有效减少幼儿扁平足的发生；第四，光着脚走路，如同对脚趾和脚掌心等部位的穴位进行按摩，能健脾益肾，镇静安神，对小儿遗尿、消化不良、小儿便秘等都有一定的疗效；第五，光脚走路能不断刺激孩子的脚底，提高孩子感觉的灵敏性，提高大脑思维判断能力，增强记忆力，提高身体协调性，增强对外界环境的适应能力；第六，赤足走路能锻炼孩子踝关节，增强踝关节的灵活性，避免摔倒。

脚与外界直接接触，要处理好两个问题：一个是路面平整、干净，不能有硬物刺伤宝贝的脚。还有一个是温度不能低，室内温度最好不要低于20℃，水泥地不行，木地板、地毯或者爬行毯比较好。去外边光脚，最好选择夏季。如果室内比较寒冷，还是让宝宝穿上鞋袜比较好。

★寒冷季节，选一双合适的鞋子

夏天，宝宝想光脚，就给他自由，让他光脚玩。可是到了其他几个季节，不管是室内或者室外，低于20℃，就需要给学步的宝宝挑选一双合适的鞋子了。

1. 机能鞋不如光脚

有的妈妈觉得自家宝贝穿的是机能鞋，比光脚强。事实并非这样。如果是在家里，可以让宝宝光着脚丫走路。这样，宝宝对走路的感觉更直接，更能够找到平衡和协调的感觉，如果穿鞋子，就会妨碍脚自如地弯曲。

鞋是非常大的污染源，如果鞋上面有有害物质，宝宝年纪小、皮肤嫩，会通过皮肤吸收。再加上宝宝个子矮，闻到的味道更厉害，这是非常可怕的。

买鞋一定要闻，加香味的鞋，一定要通风几天，把味散出去再穿。

如果宝宝已经会走了，挑选鞋的时候，拿起鞋后跟捏一下，一定要硬，同时鞋子的前头也要硬，这会起到稳定关节的作用。真正软的地方要在鞋头前面1/3处即脚弯的地方，这样是为了保护足弓。

2. 买鞋带上宝宝

到了冬天，宝宝仍然不喜欢穿鞋，这时，不妨带上宝宝去买鞋，让他自己选择一双喜欢的鞋子！

妈妈可以有意夸奖一下其他小朋友的鞋子有多漂亮，然后带着宝宝去买一双。“你有我也要有”的心理，能刺激宝宝的穿鞋欲望。

3. 选一双适合的鞋子

在地板上或者室外走路，就要穿鞋了。选择鞋子的时候，要挑些柔软的，不要高帮的。为了让挑选的鞋子更适合宝宝的脚，挑选的时候，给宝宝穿上鞋，不要系鞋带。站起来，尽可能地将身体的重量都压在双脚上，妈妈握住他的脚踝用手指试一下从脚面到鞋面，以及从最长脚趾到鞋尖之间的距离是否够一手指宽。

现在市面上的劣质皮鞋和运动鞋比较多，看上去花花绿绿的，款式也很时髦。但是，宝宝的骨骼还没有定型，硬底鞋和皮鞋不利于宝宝小脚的正常发育。

妈妈能否给宝宝选一双合适的鞋子，对宝宝的影响不仅仅在于当下脚的舒适度，可能影响宝宝一辈子脚是否舒适，因为宝宝的选鞋水平受妈妈的习惯影响。

宝宝学走路

一位妈妈听说宝宝10个月用学步车为宜，过早用学步车会导致宝宝X型腿、O型腿，而自己宝宝7个月就开始用了。她突然有点后怕，担心宝宝将来腿型太难看。她还想着让女儿学习舞蹈呢，腿型有问题哪里成呢？

过早、长期使用学步车会影响宝宝智力

宝宝在学步车里，可借助车轮毫不费力地滑行，学步车前面的安全大托盘，挡住了孩子的视线，宝宝看不到自己走动的脚，不了解自己何以走动。当身体失去平衡的时候，宝宝可以依靠学步车很轻松地从座椅上站起来。可以说，学步车剥夺了宝宝行动的自主性，使得走路变得简单，利用学步车学走路，宝宝缺乏真正的锻炼。

身体的任何动作都是各个部位协调运作的结果。对于正处于成长发育阶段的宝宝来讲，即使一个在大人眼里看起来很简单的行走动作，也需要宝宝的神经、肌肉发育、视力等达到一定的成熟程度，否则，宝宝迈不开步。宝宝能够平稳行走，是基于爬、蹲、站、走、跌倒、站起等几个动作熟练发展之后的一个综合的运动能力，其中每项能力的获得都是身体和智力协同发展的结果。所以说，行走是一个运

动的过程，也是一个发育的过程，宝宝正是在这种自主运动中学会掌握平衡、增强条件反射、学会思考的。

如果我们把宝宝放进学步车里，宝宝的身体、活动范围受到了限制，将会使婴儿失去了大肌肉群运动的机会，眼、手、足失去了协调运动的机会。

如果宝宝不被学步车限制，在学走路的过程中，还会有其他的活动。比如，身体靠在或者坐在某个地方、顺手拿起某个物品、看到某个物品产生好奇心有探究的欲望会停下来玩一玩，在这些过程中，宝宝的智力获得了发展。

☆ 慢慢练习，不依赖学步车

如果父母不嫌宝宝慢，能够静下心来陪着宝宝慢慢走，宝宝哪里不足就提高哪里，偶尔用用学步车，那么，就能顺利陪宝宝度过学走路这样一个很重要的成长阶段。

1. 陪着孩子慢慢走

家长给孩子买学步车，理由很多：一是让孩子早早学会走路，在走路的过程中少摔跟头；二是既可以避免宝宝到处学走会摔到、磕到，又能解放自己，不用时时处处跟着宝宝；三是看到别人家宝宝会走路了，着急，想用学步车助力。这样的教育心态只考虑了家长自身的感受，而忽略了孩子的成长需要，受伤害的是孩子。

2. 引导宝宝慢慢走

当宝宝有了走路的欲望，扶着宝宝慢慢走，把宝宝放到可以攀附的地方多站站，公园的长椅边、家里的沙发边都是练习站着的好地方。

学会走路除了要求腿部肌肉发育成熟之外，宝宝也必须有良好的平衡能力。刚开始，宝宝会先尝试扶着东西走路，而且，可能只是左右移动一两步，等娴熟控制双脚的感觉之后，才会继续尝试扶着桌子或是沙发朝着某个目标前进。

如果宝宝胆子小，在外边的空地上，妈妈用双手牵着宝宝的双手，他就有信心了。接着，妈妈可以尝试站在他的一旁，只牵他一只小手，或者适时放手，鼓励孩子自己走路。不过，妈妈要记得把步子放慢，毕竟宝宝的步伐比你的要小很多。

等宝宝能自己走了，父母可以在距离他两三步的地方，呼唤宝宝自己走过来。如果宝宝勇敢地自己走出来，父母就要立即给予肯定，然后再拉长走路的距离。如果是在家里学走，可以直接赤脚，不需要穿鞋或穿袜子。

3. 如果发现宝宝欠脚、脚尖着地，避免用学步车

学步车可以用，但是，要避免使用不当给宝宝带来的伤害。如果发现宝宝为“X”或“O”型腿，那么就要慎用学步车了。学步车的坐垫较高，小宝宝个子小，坐在上面只能用脚尖触地滑行，走路时基本是用脚尖用力，这就容易使足关节变形，形成趾外翻，可能会出现扁平足或者欠脚。加之宝宝的骨骼中含钙少，骨骼较软，更增加了腿部变形的可能性。

4. 用蹲一站，锻炼腿部肌力和身体协调度

训练宝宝学习蹲一站的能力，宝宝蹲一站动作利索，在走路的时候遇到险情能够采用蹲下或者站住的姿势，就不会向前扑磕牙或者向后倒摔后脑勺。

妈妈可以和宝宝在床上练习蹲一站，如果妈妈和宝宝一起做，宝宝每做一次妈妈就鼓励一下，宝宝的积极性就会更高一些。如果妈妈想达到更好的效果，可以选择每天饭前或者饭后半个小时家人休闲的时间和宝宝一起玩蹲一站游戏。根据宝宝的体力确定每天20次或者30次，可以促进宝宝的腿部肌力，同时也可以训练身体的协调度。

妈妈也可以在地板上散落一些玩具，让宝宝蹲下捡起来后站起来放到高处。如果宝宝还不能做得很好，家长可以伸出一只手给宝宝借力，这样反复练习，宝宝的蹲一站能力会大大增强。

刚刚会走路的宝宝拽着妈妈走

有位妈妈说："宝宝都1岁多了，还不敢独立走路，每次哄她走路，迈步之前就要拽着大人手，这样才敢往前走。和我一起出去，如果不拽着我的手，就一步都不走。而同龄的孩子早已自己东走走西走走地玩了，自己的孩子怎么这么差劲儿呢？"

有位爸爸说："儿子会走了，但是一直脚尖着地，膝盖弯曲着。而周围的孩子就不这样，是不是我家孩子身体素质差呢？"

初学走路，宝宝很胆小

一般情况下，10个月左右的宝宝就不再满足于翻身、站立、坐着了，而是要以更大幅度的动作移动身体。12～16个月是学会独立行走的年龄，是孩子从摇摇晃晃走几步到掌握身体平衡行走的阶段。如果宝宝练习走路的过程中表现出胆子很小的样子，可能是由于以下原因导致。

1. 大人走得太快

如果大人走路走得太快，宝宝觉得追不上，会有挫败感，有的宝宝会拽着妈妈的胳膊，有的宝宝干脆蹲在那里不走了。

2. 走路太早，摔跟头太多

如果宝宝学走路太早，出现过摔跟头磕破头等情况，心里有阴影，就会害怕走路了。其实，不同宝宝的发展速度不一样，会走路也会有早有晚。其实，这是一个水到渠成的规律！

有个宝宝，13个月的时候才会走路，当时全家人都很着急，因为周围跟他差不多大的孩子早都会走了，这个孩子仍然按兵不动，优哉游哉，靠着四肢移动身体。结果有一天宝宝爬着爬着突然站起来走了两步，一家人都惊呆了！后来走得也很顺利，几乎没有摔过跟头！

另外，由于宝宝的骨骼还没有完全发育到能支撑身体的全部重量，如果学步太早就会导致"O"型腿的发生。

所以，宝宝走路晚一点是没什么的，在宝宝还没有要走路之前，可以多爬爬、练练蹲—站，为正式走路打下基础。

3. 腿部力量不够

有的宝宝学走路的时候脚尖着地，这没什么的。宝宝学走路有一个过程。1岁左右的宝宝，脑的发育尚不完善，主管运动的神经中枢还未成熟，腿部肌肉很紧张，于是就出现脚尖着地的现象。特别是那些没有经过充分爬行的宝宝，全身各系统的协调能力、大脑和心脏的血液循环都没有得到充分发展，四肢承受不住身体的重量，腹肌及脊柱的负担重，走路的姿势会歪歪扭扭。

当宝宝走路轻轻地脚尖着地的时候，家长不要着急，经过几个月的锻炼之后，就会走正常了。如果宝宝到了3岁仍然是脚尖着地，那么就要看医生了。即使宝宝有外八字或者内八字的情况也不要着急纠正，一般长到3岁就能自行矫正。

☆ 合理保护，让宝宝有走路的信心

如果宝宝在学走路的时候较少摔倒或者并不认为摔倒是一件可怕的事情，那么，宝宝就不害怕走路，就会对走路有信心。

1. 多训练宝宝的腿部支撑力

宝宝能够站起来迈步后，妈妈就可以细细地教宝宝走路了。走路姿势不对很容易摔倒，先要摆正姿势，两脚朝前，不要向外，也不能向内，以免形成内八字脚或外八字脚，养成习惯了，会很难看。

教的时候，妈妈和宝宝面对面，两手互搭，宝宝两脚顺向踩在妈妈脚背上，然后开始迈步。然后，让宝宝背对着妈妈，扶住宝宝的腋下向前行走。等宝宝掌握了走路的姿势和动作后，妈妈可以鼓励宝宝通过以下方式练习走路：在家里扶着床沿走、在公园扶着栏杆走；牵着大人手走；妈妈拿着玩具或者张开怀抱，在前面等着宝宝走。

2. 要摔倒时，不要牵拉孩子胳膊

前不久，邻居孩子在蹒跚学步时，奶奶见孩子走路摇晃不稳，就拉着孩子的右手臂行走，谁知还未走上几圈，孩子忽然哭闹起来，右手臂垂下来就不能自由动弹了。此时，奶奶慌了神，又是用手轻揉，又是热敷，都不见效，赶紧叫邻居帮忙送医院救治。经医生检查，患儿系右侧桡骨头半脱位，即民间所说的“牵拉肘”。

宝宝初学走路会摇摇晃晃，大人情急之中就容易猛然牵拉孩子的胳膊，很容易发生牵拉肘。这时孩子骤然间啼哭不止，或喊叫被牵拉的胳膊疼痛。孩子的肘关节往往呈半屈位，前臂呈旋前位，不敢旋后，不能抬举与取物，不能自由活动，在肘关节的桡骨头处有压痛，局部却无明显的肿胀和畸形。4岁以下的儿童桡骨头上端发育尚未完全，肘关节囊及韧带均较松弛薄弱。

对于刚刚会走路，还很怕疼的宝宝来讲，走路最好选择草坪、沙土地等比较柔软的地方，这样宝宝的内心不会留下“疼”的阴影。如果是在水泥地上走，陪着的父母就要提高警惕，当宝宝摔倒的时候及时安慰、鼓励宝宝，以转移宝宝注意力的方式弱化宝宝疼的感觉。

宝宝到处钻到处爬

妈妈要去做饭了，明知道离开客厅宝宝会淘气，但是也很无奈，总不能带着宝宝进厨房去洗“油烟浴”吧？进厨房前，妈妈把儿子安顿在沙发上，放上了儿子最喜欢的小手枪和积木，然后对儿子说：“爸爸要下班了，下班后爸爸会很饿。妈妈去做饭，你自己好好玩！乖啊！”儿子点点头，一副很配合的样子。

十几分钟后，妈妈回到客厅，看到沙发上只有儿子的玩具，儿子呢？整个身体仰卧着蜷靠在桌子底下呢！在这么高难度的动作下，还坦然地吃着雪饼！妈妈二话不说，跪下身体就把儿子抱了出来，儿子则大哭不止，挣扎着还要钻进去。

空间方位知觉发展的敏感期

钻桌子底下待着、爬到沙发背上站着这样的行为，在大人眼里是只有不懂事的孩子才这么做的。于是，有的家长会强行把孩子拽出来。其实，这样的行为对宝宝的成长非常有利。

1. 发展感知觉

对处于感知觉阶段的一两岁宝宝来讲，通过身体充分地感知外界是成长需要。

感知是宝宝所有认知活动的开端，是最初级的认识方式和本领，如果没有感知觉，就谈不上记忆、思维、想象等高级的认知活动，也就是说，感知能力发展得越充分，记忆储存的知识经验就越丰富，思维和想象发展的空间和潜力也就越大，宝宝显得就更聪明、灵活。

宝宝要大力发展感知觉，就需要积极与周围的环境互动。互动方式主要是眼睛看、耳朵听、鼻子闻、皮肤接触等。宝宝要建立空间知觉，就要用身体去丈量，爬进去、钻出来、蹦过去、够下来、推来推去是最为常见的方式。

事实证明，民主家庭养育出来的孩子身心更健康，更能适应未来的生活。在这样家庭里成长的孩子有充分的自由，父母总是试图去理解他们的行为，而不会粗暴地干涉。

2. 历练胆量

这个阶段的宝宝要战胜与母体分离之后、与母亲分别以及与周围环境接触等带来的恐惧感，就要发展自己的能力，体验成就感，建立自信。

★ 对宝宝进行空间方位知觉训练

空间方位知觉是宝宝必须具有的一种感知觉能力，需要宝宝在特定的空间去感知，比如桌子上面、椅子底下、大衣柜上、沙发脊背上、花盆与花盆中间等。小宝宝一般通过爬、坐、躺、站立等动作在较低的空间感知，大宝宝则会增加跳跃、攀缘等登高的高级动作。我们可以根据宝宝的年龄特点来玩一些游戏。

1. 玩玩"钻过去"游戏

如果宝宝有1岁左右，妈妈可以双腿跪下，手掌撑在地上，身体呈拱形，让宝宝快速地从下面钻爬过去。为了锻炼孩子的身体协调能力、对空间的感知能力，妈妈可以限制时间，如果太慢，妈妈身体就下压，让孩子爬不过去。在游戏的过程中宝宝与妈妈有身体接触，增加了亲子之情。

类似的在家里比较方便玩的游戏还有“钻洞洞”。妈妈把废弃的纸箱剪成筒状，两三个粘到一起，然后让宝宝从这一头爬到另一头。为了增加宝宝的玩兴，可以邀请几个小朋友一起玩。如果宝宝因为有难度不愿意爬，家长可以在另一端摇铃、摇拨浪鼓来吸引宝宝。

2. 认识自己的身体部位

妈妈拿着一面镜子，把宝宝抱到镜子面前，依次指着宝宝的头、脖子、身体、上肢、下肢对他说出各个部位的名称，注意在说的时候要用方位词，例如“头的下面是脖子”“嘴的上面是鼻子”等。说的时候吐字要清晰，语速要适中。不用镜子，让宝宝和妈妈面对面坐着进行也可以。

特别提示：先按照从上到下的顺序重复使用“下面”，反复几次后再按照从下到上的顺序重复使用“上面”，不要毫无规律地一会儿说“上面”，一会儿说“下面”。

3. 玩“小鸭子游啊游”游戏

这个游戏适合2岁左右的宝宝，可以在洗澡的时候玩。妈妈和宝宝每人拿一个小鸭子，一起说歌谣：“游啊游，小鸭子向上游，上！游啊游，小鸭子向下游，下！游啊游，小鸭子向前游，前！游啊游，小鸭子向后游，后！”说歌谣的同时，根据歌谣的内容调整手中玩具小鸭子的位置。

4. 玩“小狗狗排队”游戏

每个宝宝都有几个动物毛绒玩具，家长可以选择一个大小合适的来玩排队游戏。这个游戏适合2岁半左右的宝宝。

以玩具狗狗为例，家长和宝宝并排着坐好，把狗狗放在中间，然后，妈妈分别让宝宝把狗狗放在最前面、左面、最后面、中间的位置。当宝宝能够按照指令将小狗摆放到相应的位置的时候，就加深了对方位知识的了解。

Chapter 05
玩得对、玩得好，大脑发育快

对3岁前宝宝来讲，玩是生活的主题。玩是学习，是探索，是发现，是获得！大脑发育受经验的作用，经验来源于宝宝对于环境的主动学习和探索。我们不但不能干预，还要想办法让宝宝玩得好！只有玩得好才能长得好！怎么玩、玩什么才算玩得好呢？妈妈一定要懂得！

爱玩的宝宝，大脑发育好

妈妈每天都要带着3岁的女儿出来两三次，到处走、到处看，女儿见到摇摇车坐上去就不下来，见到小狗就追着跑，即使一束小花也能吸引女儿在风中看上好久……女儿这么贪玩，妈妈太累了！无数次，妈妈硬要把女儿带回家，都惹得她号啕大哭。怎么办呢？

玩能满足宝宝的成长需要

宝宝的玩不是简单的娱乐、放松，而是实实在在的成长。玩耍是宝宝的生活内容，能够满足成长的需要。宝宝在玩中探索世界、认识自我、发展自身。一个玩耍不足的孩子，在身体素质、智力发展、社会交往方面都会存在这样那样的问题。

举个简单例子，如果孩子很少走出家门，没有玩伴，那么，孩子可能不知道怎么与小朋友沟通，玩耍的时候不知道谦让。

1. 玩耍满足了智力发展需要

人类的大脑具有终生可塑性，出生时的平均脑重大约350克，是成人脑重的25%，6个月的时候达到50%，到2岁为75%，5岁时为90%。这说明，3岁前是大脑发育的关键期。对于3岁前儿童而言，玩耍是经验获得的主要方式。经验来源于宝宝对于环境的主动学习和探索。

在玩耍的过程中，宝宝面对接触到的物品，在好奇心驱使下认识后，会产生疑问，然后通过“咬”“摔”“扔”等方式试图解决问题。这个过程手、脚、身体、大脑都会用到，智力获得了发展。如果宝宝已经会说话，他会向父母提问，这个试图表达清楚的过程，促进了语言能力的发展！即使一个小石子，宝宝拿在手里专注研究几分钟，都是一个很好地锻炼注意力的机会。

2. 玩耍促进宝宝的社会化

不管宝宝的先天气质特点是哪种类型，多玩耍、与人游戏，都能够锻炼宝宝的社会活动能力，形成社会认可的行为方式。在这个过程中，他们懂得什么样的行为方式更能被小朋友喜欢，如何赢得其他宝宝的信任，什么样的行为伤害了其他的宝宝自己不能做……

☆ 如何让宝宝玩得更好

对宝宝来讲，玩耍是重要的成长方式，如何让宝宝玩得更好是宝妈要用心做的功课。

1. 扩大玩耍范围

宝宝是喜新厌旧的，总在一个地方玩，对宝宝的刺激会减弱。如果妈妈带宝宝逛遍了小区的边边角角，就要把活动范围扩大，去附近公园、其他小区、超市、商场、游乐场走一走，新鲜的环境，更能唤起宝宝的好奇心和探索欲望。

2. 算好作息时间，不因玩耽误了休息

宝宝的作息是在尊重孩子自由规律的基础上妈妈安排出来的，玩耍再重要，都不能耽误睡觉，睡觉也是促进大脑发育的很重要的方式。

带宝宝出去玩之前，做个计划，去哪里，玩多长时间。即使宝宝没有玩够，也要带宝宝回来。多次以后，建立习惯，到了时间宝宝就要吃饭、睡觉。

3. 在安全的前提下放手

宝宝想要独立探索，他用力推开你的手就是一个很好的证明。以摔倒或者磕碰为代价的放手不值得！妈妈要尽可能地给宝宝选择适合玩耍的项目，在确保安全的情况下放手。这里的安全指的是即使摔倒也不会发生磕碰、损伤的危险。

4. 不限制宝宝的玩法

宝宝想怎么玩就怎么玩，让他的想法得以实施就满足了他的探索欲望，他就获得了想要的经验。千万不要看到别的宝宝怎么玩就怎么玩，别的宝宝在哪里玩就在哪里玩！宝宝去哪里妈妈就跟到哪里，才是以宝宝为中心的玩法！

宝宝成了“小野人”

有位妈妈说：“我家宝贝不想待在家里。在家里就哼哼唧唧地闹情绪，到外边就好了。六七个月的时候，伸着小胳膊往门外边够，到了外边咧着小嘴就乐，看什么都新鲜。现在会走了，自己就往外边走。稍一不注意，他就下楼了。”

户外玩耍有利于宝宝身心发展

即使很小的宝宝，他也觉得外面的世界很精彩，到了外边会无比高兴。谁带他去外边，他就黏谁。稍大一些的宝宝，就更厉害了，不管他当下在玩什么，都能准确感知家里的哪个人要出去，然后以最快的速度拿衣服、穿鞋拖住这个人。

3岁前的宝宝为什么这么想出去玩？这是由宝宝的身心发展需要决定的。宝宝的认知能力要想很好地发展起来，就需要不断地与外界接触。宝宝要长大，就要学习，观察学习是一种很重要的学习方式。宝宝通过观察别人的行为来发展自己的行为，通过观察外界环境来认识环境，形成自己的认识。

1. 户外玩耍有利于身体健康

与家里相比，户外空气新鲜，视野开阔，活动空间大，宝宝活动范围广，更利于宝宝的身心发育。如果小伙伴较多，与他们玩游戏，能增加身体和思维活动，有利于宝宝睡眠。

2. 户外玩耍有利于智力发展

宝宝通过与外界接触来发展智力。智力的发展源于感觉与运动能力的发展。刚出生的宝宝的感知觉很差，几乎看不见妈妈的脸，连咿咿呀呀的声音都不会发出。有的宝宝听力也很差，手几乎没有运动能力，随着视觉能力的发展、手部运动的唤醒，所见到的世界越丰富，宝宝的思维越活跃。看到的世界越丰富，大脑储存的表象越多，大脑发育越好！

3. 户外玩耍有利于孩子情绪情感发展

2个月左右，婴儿能够向对他微笑的人微笑。这种社会性的表情是婴儿在与父母互动中习得的。父母是孩子情绪表达的社会参照。在与外界接触的过程中，还会有更多的社会参照成为孩子情绪情感发展的模板。孩子在与人玩耍的过程中慢慢发展出如何与他人相处，怎么照顾他人的情绪才能不被别人排斥，什么样的行为最被人喜欢，等等。

☆ 让宝宝爱上户外玩耍

带宝宝去户外玩，不同于家里，要随时都能解决宝宝的吃喝拉撒，还可能遇到一些妈妈疏忽带来的小伤害。看来，要想满足宝宝“野”的愿望，妈妈需要做一些功课了。

1. 带上必备的物资

宝宝喜欢户外，即使只是在小区里转，都不愿意回来，需要消耗一两个小时。这期间宝宝会渴，要带上保温杯，带足热水。在外边，宝宝一般不容易饿，但是食物有个好处，就是当宝宝磕了碰了伤心时可以慰藉一下。当别的宝宝吃东西的时候，拿出来吃，或者送一些给别的宝宝来交流感情。还有就是湿巾、纸巾、有可能用到的一两件小衣服。

把这些物品放在小背包里背着或者放在小车筐里都可以。不管什么季节，即使不需要戴帽子，也要随身带着，预备挡风挡寒。

2. 小公园、小绿地是不错的选择

宝宝喜欢大自然，一花、一树、一片叶子都会引发他的观察兴趣。给孩子机会，带他走近一棵树、一块空草地、一根朽掉的木头、一洼雨水，让宝宝摸一摸树的年轮、找找草地里有没有虫子、感受一下朽木的分量、扔一颗石子在水里……这个过程不但锻炼了孩子的感知觉能力，也提升了“自然商”。

3. 组成宝宝团队

几个宝宝一起玩，能玩得更久一些。妈妈们可以约好固定时间、固定地点，带上几样玩具，经常性地玩一玩。宝宝有伴做游戏，妈妈们交流育儿经验，场面温馨，宝宝开心。

你选对玩具了吗

乔乔喜欢坐摇摇车，只要走出家门，路过小超市外边的摇摇车，就伸出食指，哦哦哦！有的时候还会把身体探出车子，强烈要求去坐。妈妈却不愿意，因为宝宝一坐上去就不肯下来了。况且，乔乔只有1岁，身体协调能力差，即使不摇，也有可能摔倒。

不能去外边坐，就买一个在家里玩吧！妈妈给乔乔买了一个缩小版的“打地鼠”。装上电池，乔乔却被吓哭了。都过去几周了，乔乔仍然不敢靠近那个玩具。后来，妈妈看到说明上写着：“适合3岁以上宝宝玩！”

妈妈琢磨，宝宝是不是被吓到了呢？

好玩具的标准：促进成长发育

玩具承载着让宝宝玩得更开心，更利于宝宝心智发展的作用，在游戏过程中，宝宝的各项能力都会很自然地得到提升。

宝宝在操作玩具的过程中，大动作和精细动作都会得到发展，同时也会增进认知能力的发展。妈妈通过观察宝宝对玩具的反应、玩玩具的动作和过程来判断宝宝认知能力、动作发展等方面的情况，对某些发展障碍也能及时发现和治疗。

一个好玩的、能吸引宝宝的玩具，可以让宝宝更愿意玩游戏，甚至宝宝会自主地开发有趣的新玩法。

在宝宝很小甚至不太会跟别人互动的时候，玩具就是他最真实的玩伴。宝宝会把玩具攥在手里不撒、喂玩具吃东西、哄玩具睡觉、跟玩具玩耍，妈妈不在的时候搂着玩具睡觉……在宝宝的心中，玩具同其他事物一样有生命，宝宝和玩具的互动，奠定了宝宝与人交往的基础。在宝宝眼里，玩具是他的朋友，而只有当宝宝拿玩具当成自己朋友的时候，才会去保护它、珍惜它。在宝宝与玩具的情感互动中，教他不乱丢乱放，不损害玩具，清洗、收拾、修理玩具的过程，可以潜移默化地培养宝宝关心他人、照顾他人的优良品质和耐心细致的性格，这对本身攻击性比较强、比较粗心的孩子来说，有助于健全他的人格。

操作类玩具能增加宝宝手指肌肉的力量和灵巧度，包括拨动、按压、抓握、敲打、切、捏、拉、弹等动作，同时借助操作时产生的声音、触感等给宝宝提供感官上的刺激。

肢体动作类玩具的主要目的是让宝宝做一些锻炼大动作的运动，比如：攀爬、推拉、跑跳、溜滑、摇晃、丢掷、钻爬、平衡、滚动等，让宝宝进一步了解自己的身体并具备良好的动作技巧。

认知类玩具帮助宝宝认知各种抽象概念，比如：线条、数量、颜色、形状、配对、关系、序列、空间、分类、因果、时间、部分与整体等。

宝宝的成长是按照听、说、读、写的程序一步一步进行的，听说读写类玩具可以锻炼宝宝听、说、读、写等方面的能力。

社会互动类玩具的主要功能是提升宝宝的人际互动及社交能力，从而学会等待、沟通、协调、遵守规则等能力，并建立同理心。

★根据孩子的身心发育选择玩具

对于3岁前的宝宝，可供玩耍的玩具有操作类、肢体动作类、认知类、听说读写类、社会互动类，选哪种玩具，要看是否能够促进宝宝的身心发育。

1. 1岁前宝宝可选择的玩具

3个月以前，宝宝需要尽可能多的听觉、视觉以及触觉等方面的刺激，可以选择的玩具有吊挂玩具、鲜艳能发声的玩具、能跑会动的玩具。比如，五彩缤纷的小气球、吹气的小动物、色彩明快的或黑白色相间的纸张、能捏响的小动物、声音柔和的摇铃、八音盒、音乐旋转床铃、电动的或者上发条的小动物等。

这些玩具有的能挂在床头让宝宝看或者听，有的则需妈妈拿在手里吸引宝宝关注，还有的挂在宝宝的脚边，让宝宝踢来踢去。悬挂捆绑的玩具一定要弄结实，避免脱落砸到宝宝。至于气球，要放远一点，充气不要太足，以免爆炸伤到宝宝。发声玩具的发声音量应适中，声音不宜过高过尖。

3～6个月的宝宝，为了满足他抓握、啃咬、放进放出的需要，可以选择抓握的玩具，如塑料小动物、小纸盒、带抓手的花铃棒等。一定要注意，要购买正规厂家生产的合格产品，要柔韧无毒，易于清洗，不掉漆不掉色，大小粗细以适合宝宝抓握不会吃到嘴里为宜。

6～12个月，宝宝的手指越发灵活，身体有了协调能力，可以抓握、摇晃、捏细小的东西，还可以撕纸了。可以为宝宝提供的玩具有：较干净的纸、摇铃活动架（活动架上有各种各样能拨动的小机关，可以按键，有音乐盒，还有小吊环）、木琴、智力积木房子、沙土、球类等。

2. 1～2岁宝宝可选择的玩具

鞋盒、衣服夹子等家庭常用生活用品，购买的玩具钢琴、球类、形状配对玩具、绘本、套纸杯等，都可以作为这个年龄段宝宝的玩具。

宝宝玩球的时候，妈妈和宝宝一起玩，传球、推球、捡球，能促进宝宝的玩兴。读绘本的时候，不仅妈妈读，还要把图案指给宝宝看。宝宝敲击玩具钢琴，妈妈陪在旁边用心听，适时鼓掌，能让宝宝玩得更来劲儿。

3. 2～3岁宝宝可选择的玩具

2岁以后，宝宝手部精细动作能力有了很大提高，力气变大，能玩的玩具变得更多。宝宝能够自由走路了，玩耍范围扩大。身体各部分协调能力增强，玩耍活动已经不限于某个单一的动作，而是各个部位协同活动。

根据身体发育的这个特点，可以选择的玩具有鼓、隧道玩具、积木、手偶等。如果没有鼓类玩具，可拿碗盆当鼓，用筷子当鼓槌敲击也不错。

鼓可以训练宝宝的大动作，还可以训练双手的协调性。另外，宝宝还能体会到力量越大敲鼓的声音也会变得越大，进而学会控制自己的力量。鼓也可以让宝宝开始认识和体会什么叫节奏感。

宝宝喜欢玩沙子

有位妈妈说："我儿子特别喜欢玩沙！小区里有个小沙坑，经常有小朋友拿着小塑料铲子在那里玩！只要下楼，儿子就直奔那里去！堆土堆、垒城墙、造大炮，玩得特别高兴，拉都拉不动。有时用力不当就会把沙扬起来，真担心不小心弄到眼睛里！"

沙土，是宝宝成长的乐园

宝宝喜欢玩沙，在于沙土的光滑、柔弱，能够满足宝宝力气小而又想做主的愿望。这比精美的小汽车、精致的悠悠球更多几分天然、淳朴的地气味儿！玩沙除了给宝宝带来快乐，还促进宝宝的成长发育。

1. 玩沙益智

孩子来到沙土堆里，不会是简单地蹲着或者站着，而是怎么舒服、怎么随意便怎么来，趴着、坐着、靠着、蹲着、爬，可以说，身体的各个部位都接触到了沙土，都做了充分的活动，促进了感知觉发展。

玩沙的时候，宝宝要用手抓、堆、攥、捧，用容器舀起、倒出来，这些动作需要手眼协调才能做得准确。腕部、臂力要掌控好和坚持住，才能准确完成这些动作。频繁做这些动作，不但促进手臂肌肉发展，还能促进大脑发育。

孩子在玩的过程中不断构思，城堡、城池、绿化带、游泳池、马路、蛋糕、坦克，这个项目设计和安置的过程，激发了宝宝的想象力和创造力，也促进了大脑发育。

2. 玩耍促进交往

沙土就像一个大的磁场，吸引着众多的孩子。大家在一起，相互切磋玩法、比赛砌城堡，共同完成一个庄园。在这个过程中，互相商量、交流意见、商讨谁的主意更好，增进了相互了解，有利于找到脾气相投的朋友。

★ 引导宝宝安全地玩沙土

为了让宝宝安全地参加玩沙游戏，爸爸妈妈还要做哪些工作呢？

1. 做好物资准备

进入沙场前，要看看沙土里有没有埋藏着石块、木棍、钉子、玻璃碎碴等尖利东西，及时清理干净。出发前，带上小桶、小铲、推车等用具，至于帽子、鞋套什么的，可以有，也可以没有。记住，一定不要带零食和水，如果渴了、饿了，就及时回家。为了便于清洗，不要给宝宝穿带兜的衣服，如果是夏季，最好穿光滑布料做成的衣服，玩的时候可以脱掉鞋子，让妈妈保管。

2. 安全规则先行

几个小朋友蹲在沙堆里玩，推土、盖城堡、埋地雷，开心得不得了。也许太忘情了，一个小朋友把盛满沙子的铲子举过头顶，一晃动，恰巧有小朋友抬头看铲子，铲子一抖，沙子就落下来了，小朋友们当即大叫："迷眼了！灌脖子里去了！衣服上全是！"

沙土堆里不会是孩子一个人，小朋友多了，就有可能发生事故。进入沙场前，就告诉孩子，好好玩，互相谦让，玩不到一起就离开，不要扬沙子！为防止进到眼睛里，不要用手揉眼睛，感到不舒服的话，喊妈妈来检查。

只限于在沙堆上玩，为了保证沙堆的存在，不要往沙堆里放脏东西，不把沙子挪到别的地方。玩沙后要及时洗手，收拾好自己的玩沙工具。

工地上的沙子，可能混有水泥，或者有各种用剩下的建材碎料，最好不要玩。

3. 1岁前的小宝宝不要玩

小宝宝处于口的敏感期，什么都往嘴里放，吃手的时候，容易把沙土带进嘴里，所以，玩沙土的游戏一般要等到宝宝1岁半以后，而且是不吃手才能玩。

4. 掌握一些安全防范方法

即使把安全事项给宝宝讲了，但是3岁前的宝宝不一定能记住。为了安全起见，宝宝出去玩沙，妈妈要陪在身边。

带上一瓶滴眼液，万一不慎有沙子进入眼睛，可以帮宝宝做清洗，不要制止宝宝哭，哭泣也是很有效的清洗方法。沙子进入眼睛后，也可以用大量的温水或者生理盐水洗，洗过后，用纱布擦。眼睛里面进沙后，千万不要让宝宝揉眼睛，越揉对眼睛伤害越大。

如果一不小心嘴里进了沙子，宝宝吐过几次后，可以将棉布手帕浸湿，伸进嘴里擦。

电子玩具是最好的玩具吗

军军最近老是眨眼，玩着玩着就眨个不停，还不时用手揉眼睛。妈妈带儿子去医院检查，结果是假性近视，需要戴眼镜矫正。

导致近视的原因要么遗传、要么用眼过度，家里都没有戴眼镜的，怎么会近视呢？孩子没上学，用眼怎么会过度？想想，太不可思议了！

医生的一句话点醒了妈妈。你家宝宝是不是接触电子产品较多啊！电子产品？奶奶喜欢看电视，除了晚上睡觉，其余时间电视一直开着！爸爸呢，喜欢研究电子产品，家里iPad1代、2代、iPhone都有，孩子整天盯着玩，一玩就不磨人，也没人制止过。

看来是电子产品导致了孩子眼睛近视！

电子玩具不是更益智

我经常听到有爷爷奶奶说，我家宝宝玩手机很熟练，1岁比我这个几十岁的人都厉害！见到手机就伸手，还能拨号！现在的孩子，太厉害了！这么小就玩手机，能不聪明吗？

这样的话听得多了，不得不令我担心孩子过多应用电子产品带来负面的影响。

电子产品给我们的生活带来了方便，无论是网上购物还是搜索资料。同时，听歌、看片，也让游戏娱乐变得方便。很多父母在网上搜索育儿知识，用iPad等电子产品进行早教，很快捷、省力！但这么多好处，不等于电子产品就是孩子的好玩具，能益智。

媒介素养教育专家张海波近几年一直在做相关的调研，他告诉记者："现在的孩子从小就跟电子产品，尤其是跟平板电脑和智能手机有密切接触。以前我们关注孩子接触电脑等电子产品以及跟网络的关系一般是在小学以后，但是现在，从两三岁就开始关注了。我们做了调查，现在2岁半左右的孩子对于iPhone、iPad上的软件已经很熟悉了，操作这些电子产品也很熟练，有些都离不开了。"

当第一代平板刚上架不久，一位记者问乔布斯："你的孩子必须得爱iPad吗？"乔布斯的回答出人意料："他们还没有用过，我们对孩子在家里用多少科技产品有限制。"

一位曾花了很多时间待在乔布斯家的传记作者回忆："每个傍晚史蒂夫都会在他家餐厅里的长桌子边和他的孩子们吃饭，讨论书、历史以及其他很多事情，没有人会拿出iPad或电脑。孩子们看起来一点都没有沉迷于电子设备。"

有资料可以显示，世界上的电子巨头都不允许他们的孩子肆意玩电子游戏。他们觉得电脑和电子游戏会对孩子造成不良影响，剥夺了孩子的创造力和想象力，而这些正是孩子最宝贵的天性。

像iPad等电子产品，视频上声音和图像配合，色彩明亮的画面有力地刺激着宝宝的视觉器官。有资料显示，"电子控"20分钟相当于眼睛紧盯着电视3小时，而iPad、手机等电子产品对宝宝眼睛的伤害是电视的12倍，一旦宝宝长时间接触，极易诱发眼睛近视。长时间注视会使宝宝幼嫩的眼睛受到伤害，引发宝宝眼睛疲劳和视力下降。

在开发大脑智力方面，玩电子产品相对于游戏，对手指的应用率低，弱化了灵活动手的能力，不利于智力发育。

2～3岁是宝宝语言发展的关键期，良好的学习语言环境是一个亲子交流的环境。如果宝宝过分依赖电子产品，与父母交流少，不利于学习语言。更可怕的是，宝宝听机械的声音听多了，往往就会对身边的语言不敏感，也就不愿意开口跟父母交流了。

☆给家长支招：防止孩子“电子控”

在每个家庭都有各种电子产品的环境中成长，孩子能做到不玩电子产品，需要从小抓起，要讲究方法。

电子产品给孩子带来了快乐，在孩子眼里，电子产品好玩，有各种游戏、动画片。那什么可以打败它或者说满足孩子好玩的需要呢?

1. 自制玩具

让孩子自己鼓捣，制造一件新的玩具，而且有父母陪着，其中的快乐一定高于电子产品。为什么这么说呢?

自制的过程是一个动脑、动手、具有一定挑战性的活动，迎合了孩子的成长需要，他愿意参与。从确定做什么，就要找材料、定计划、尝试制作，不断修改、补充，最后才能形成一个与最初想法较一致的“玩具”。这个过程，本来就是“玩”的过程，而且是一个创造“玩”的过程，它能使孩子主动参与及获得成功的心理需求得到满足，从而激励了孩子的创造与实践。

木剑、弹弓、沙包、毽子，都可以动手制作。做好后，大家一起玩。

2. 图书玩具

古代的犹太人非常爱书，直到看得破旧得不能再看了，就挖个坑庄重地将书埋葬，这个仪式孩子一定要参加。犹太民族经过巨大浩劫，当他们流离世界各地时，都没有忘记对子女说这样的一句话："我们以色列犹太人没有其他办法，连国家都没有，唯有比别人多读书。"正是因为这个民族的每个人都重视读书，才塑造出了一个在世人眼中最聪明的民族。

阅读对提高儿童的认知能力和自信心有很大帮助。犹太民族从孩子出生以后，他们就把蜜糖沾在书上，让孩子感觉读书是一件甜蜜的事情。他们认为：学习是上帝赋予人的权利和义务；真正的知识是甜蜜的，并且是一种智慧，学习必须和现实生活紧密结合。

学习犹太民族，给孩子营造一个有书的环境，宝宝就喜欢与书亲近。

3. 父母不要"电子控"

有位爸爸说，他家3周岁的儿子，自从看到大人玩电脑游戏以后，就迷上了。开始看大人玩，后来闹着要玩。只要待在家里，就想玩游戏，甚至说的梦话都是电脑游戏。

父母是孩子言行举止的榜样，要想孩子不沉迷游戏，父母就要远离电子产品！更不要在宝宝缠着父母玩的时候，打开电视，或者扔给他一个iPad！当然，自己也不要在宝宝面前大玩游戏、微信。

和宝宝多玩一玩，多聊聊天，不但增强了亲子感情，满足了宝宝的情感需要，锻炼了宝宝的语言沟通能力，也能避免"电子控"。

玩具越多越好吗

有位妈妈说："我儿子有很多玩具，电动的、手动的，手枪啊、拼图啊、汽车啊，各种球类啊，一大筐！在家里玩的时候，我就把玩具筐搬出来，放到地垫上，让儿子玩。可是，小家伙看看这个放下，摸摸那个放下，一个玩具玩不了两分钟。最要命的是，这么多玩具可供选择，儿子还一副没得玩的样子。"

玩具过多影响智力

现在的孩子玩具多，家长愿意给孩子买玩具，除了让玩具黏住孩子解放自己外，玩具还有益智的作用。这两大功用加上宝宝喜欢、父母爱宝贝，就造成了每个家庭都是玩具堆成山的局面。

玩具多了，更利于宝宝的智力发育吗？

儿童教育工作者奥汉·伊斯梅尔讲述了这样一件事情，圣诞节的时候，他10个月大的儿子卡梅伦收到了大量玩具礼物，结果却变得"不会玩了"。"他不停地拿起一个玩具，摆弄两分钟就放下，再拿起另一个，没过多久又失去了兴趣，最后往往是拿起一只拖鞋之类的东西来玩，而以前他每个玩具能玩上十几分钟。"

美国儿童教育学者曾发表过一份研究报告，认为玩具过多容易影响孩子的智力发育。参与研究的学者之一克莱尔·勒纳说："给孩子们过多的玩具或不适当的玩具会损害他们的认知能力，因为他们会在如此多的玩具面前显得无所适从，无法集中精力玩一件玩具并从中学到知识。"相比之下，那些玩具较少的孩子，由于父母与他们一起阅读、游戏的时间更多，要比那些家境优越、玩具成山的同龄小朋友智力水平高。

太多的玩具会导致孩子眼里没玩具，不知道玩什么，更热衷于买玩具，宝宝的购买欲、占有欲就在这样不理智的拥有下畸形发展起来了。

★ 买玩具不是多多益善，要恰到好处

玩具是宝宝的小伙伴，一定要买，买多少合适？可以从以下几个方面来参考。

1. 满足宝宝的需要

一个玩具玩几年，显然满足不了宝宝的需要。过一段时间，买几件新玩具，在旧有的玩具还存在的情况下，有新朋友加入，孩子会很高兴。

很多小朋友都在玩的时髦玩具，最好有几件。这样，宝宝不至于眼红别人。

玩具要丰富，既要有在家里玩的，也要有出门的时候能随身带着的。

2. 处理好"孩子要求买"的问题

即使家里有很多玩具，在商场里或者别的小朋友家里见到新鲜玩具，宝宝也会要求父母买。这个时候，父母就要想一想，这类玩具家里有没有？

玩具是孩子成长的陪伴者，对成长有辅助、促进作用，不在数量，而在于是否适合。一般来说，在某阶段，适合的玩具有两三样就够了。相同的玩具，特别是价格昂贵的大件，有一样就可以。孩子想买，就详细跟他说不买的理由，然后带他离开。

很多孩子是一时兴起，注意力被转移后，过一段时间就放下了。

3. 交换玩玩具

妈妈会发现，在外边几个小朋友一起玩的时候，如果其中一个小朋友拿着简单的玩具，别的小朋友就会伸手要，得到了就能玩得兴致勃勃。妈妈纳闷，自己家有的是玩具，都比这个高级，从没见他玩得这么兴奋过，真是“玩具非借不能玩也”。

既然别人的玩具好，那么，就满足宝宝的需要，和几个经常在一起的妈妈商量好，定期交换玩具。妈妈可以告诉宝宝：“这是某某小朋友借给你玩的，玩三天还要送回去。”宝宝听妈妈这么说，就有了赶紧玩不然就没了的紧迫感，玩起来会专注一些。如果家里玩具不多，就更能吸引孩子玩了。

多游泳，智商高

有位妈妈说："身边的宝宝们从出生几个月就开始游泳了，一周或者两周一次，有的一个月一次。我也知道游泳有好处，也动心了，但还是下不了决心，特别是报道中说有宝宝溺水身亡，更担心会出现安全问题了。"

婴幼儿游泳促进成长发育

婴幼儿"游泳"是人类最早的自主保健活动，对身心、智力都大有好处。婴幼儿经常游泳，能够明显增强体质，提高孩子肢体与大脑协调能力；可以刺激大脑对外界环境的反应，促进智力发育。

婴幼儿在特定的水中自主地进行全身运动，通过水对皮肤、外周血管的拍击、安抚作用，起到增加婴幼儿的肌肉活动强度、调节血液循环的速度、增强心肌的收缩力、增加肺活量等作用，减少呼吸系统疾病的发生。

据国外有关专家研究显示，经过游泳锻炼的婴幼儿胃肠道激素如胃泌素、胰岛素释放增多，激素分泌增加了迷走神经兴奋，使食欲增加，并加强了对食物的吸收，所以婴幼儿的体重可增加，同时还促进了体内生长激素水平的升高，使婴幼儿生长速度加快。

在德国已有研究报告指出，游泳可增进婴幼儿的运动神经协调发育，提升社会交际的技巧，促进亲子间的关系。

芬兰的研究报告表示，游泳可帮助婴幼儿控制肌力的发展，有效缩短婴幼儿的学习过程。

日本儿童游泳科研工作者的研究证实，不游泳的婴幼儿比起练游泳的婴幼儿发病率要高3～4倍。

英国研究人员发现，0～5岁的孩子每天在水中嬉戏30分钟到1个小时，其消化系统、神经系统、呼吸系统及智力发育明显优于其他孩子。

2013年，澳大利亚通过对7000个游泳的孩子追踪，综合研究发现，他们的数学能力、智商、情商都高于其他孩子。

★ 宝宝游泳，父母要做好安全保障

宝宝的语言表达能力、体力、耐力都不如大人，应对危险的能力不足，父母要做好孩子的安全保障工作。

1. 以下情况，不能游泳

新生宝宝有并发症时，或需要特殊治疗的；胎龄小于32周，体重低于2000克的婴儿；皮肤破损，有湿疹；感冒、发热、拉肚子、脚易抽筋、免疫系统有问题；注射疫苗24小时内。

2. 宝宝下水前，父母检查设备

在为小宝宝挑选可以游泳的专业机构或者自购游泳设备时，一定要对商家的信誉、品质进行认真考量。

如果是在游泳机构，先要检查游设施是否安全、卫生，护理人员是否专业。

如果是在家游泳的话，宝宝入水前，一定要认真检查游泳的设备、排水供水设施等的安全性。室温需与体表温度差不多，保持在

26℃～28℃，泳池里的水温则应控制在36℃～38℃。

游泳的频率和次数需根据宝宝的月龄、季节、家庭条件而决定，一般一天不超过2次。每次游泳时间一般不超过20分钟。

3. 父母准备

去游泳馆游泳前，先要检查好必需的用品，水温计、漂浮玩具、替换衣物、毛巾、护肤用品、拍摄用具，必要时需要携带护理脐带的消毒用品。

对宝宝来讲，游泳是一项大运动。出发前，给宝宝吃饱肚子，睡足觉。这样，可以避免肠胃空虚、体能不足导致的虚脱。不然，可就白白浪费了一次好不容易才达成的游泳计划。

游泳之前还可以适当先动动宝宝的手和脚，为他热热身。

通常，在游泳前半小时至1小时左右吃东西。吃完就游会影响宝宝的肠胃功能。

4. 游泳时，全程看护

宝宝下水后，妈妈要全程看护，一秒钟都不能走开，不要觉得有游泳圈、有育婴师护理就放心了。婴幼儿游泳圈不是救生用品！妈妈下水和宝宝一起游最好了。既能让宝宝放松，也能和宝宝互动。

妈妈的感觉最敏锐，一旦发现宝宝有不适反应，可以第一时间把宝宝抱出泳池。

如果是刚刚学游泳的宝宝，可能会害怕，这时，妈妈不要着急，慢慢哄宝宝，先在他的小胳膊小腿上泼上一点水，用他的小手、小脚丫拨弄水，念一些宝宝熟悉的儿歌。这样，宝宝的情绪就能好起来。

宝宝从水里出来，立刻用大的干毛巾擦拭全身，在盆里洗澡后做一些抚触按摩。

能玩滑梯吗

妈妈带俊俊去小区游乐场玩，很多孩子在爬滑梯。大家排着队，嚷嚷着从滑梯下端往上爬，然后快速地滑下来，接着再爬上去，再滑下来……个个兴奋得满脸通红，可爱的小脸上写满了快乐。俊俊被吸引了，嚷嚷着也要玩滑梯。妈妈犯难了，自家宝宝才2岁，这要是扶不稳，弄个倒栽葱，可就危险了。2岁的宝宝可以玩滑梯吗？

玩滑梯促进大脑发育

滑梯是游乐场上不可或缺的一项设施。滑梯给孩子的童年增添了不少乐趣，玩滑梯的过程给孩子的生长发育带来了益处。

玩滑梯好处很多，对小宝宝来讲，主要有以下几种。

1.促进触觉发育

玩滑梯，身体换了一种完全不同的方式运动，后背和臀部接触滑面，与坐、躺、跑、走路完全不同，促进触觉发育。大多宝宝对速度的最初感受都来自玩滑梯的过程。

2.锻炼协调能力，增强身体控制力

从滑梯上滑下来的过程中，宝宝需要调节身体，掌握自身平衡和滑速，锻炼了身体的协调能力。经常玩滑梯的宝宝平衡能力会很好，好的平衡力是运动能力的基础。

3. 练习了胆量

宝宝坐到滑梯上，体验不同于地面运动的形式，掌握不好平衡，身体发生倾斜，会滚落、摔倒。

初次玩滑梯，没有规律，摔倒了，会恐惧、害怕。如果父母不过于保护，鼓励一下，宝宝都能快速爬起来，继续玩滑梯。滑几次，摸透了规律，宝宝就会连摔倒都不怕了，还能从底下往上走、趴着滑。

4. 提升了秩序意识

宝宝会滑了，总想滑，恨不得滑梯是自己的专属玩具。不遵守秩序不行，别的小朋友有意见。滑下来，赶紧去排队。这个过程，提升了宝宝的秩序意识和时间紧迫感。

☆ 小宝宝玩滑梯，安全第一

幼儿园或者娱乐场所比较多见的是大型的滑梯和旋转体，这类滑梯能锻炼孩子的身体协调性，但是要3岁以上的宝宝才能玩。小宝宝只能玩特殊的滑梯。

1. 小宝宝要选择适合的滑梯

1岁左右的宝宝，只能玩室内那种很低矮的滑梯。即使滑梯“矮小”，也需要爸爸妈妈全程保护。因为宝宝还小，不能控制身体平衡，为了避免下滑过程中冲撞或者摩擦身体，要好好保护。

2岁以后，根据宝宝身体协调情况，可以玩玩坡度比较小的直滑梯或者小型滑梯，但是要教会宝宝滑梯的规则，通过用手握住和松开滑梯两侧这两种姿势来控制滑行的速度，感受保持平衡和身体摩擦力。

2. 衣着装备不要有危险

很多滑梯表面不是很光滑，衣服太薄会擦伤宝宝。太厚的衣服会影响行动，不厚不薄最合适。衣服不要带有绳子或者硬物、胸针等。有绳子的衣服可能会在玩耍途中勾到栏杆而造成宝宝窒息。如果穿了有硬物类似大扣子这样的衣服，在滑梯途中会被摁伤。至于胸针、别针等，更不能让宝宝戴在身上或是拽在手上去玩滑梯。

3. 一旦受伤，要科学处理

如果看管不当，宝宝从高处跌落，先观察宝宝是否清醒，有无呕吐、昏迷等症状。然后检查受伤的部位，头部主要看是否有外伤或局部隆起，躯干和四肢主要看各关节是否还能活动自如等。

如果只是局部瘀青，可选用冷敷消肿。

如果皮肤擦伤，伤口出血，要先对伤口进行清洗，再进行消毒。如果有瘀青，可用冰袋冷敷。

Chapter 06
重视感知觉能力，促进早期智力发育

感知觉是智力的基础。小宝宝通过眼看、耳听、皮肤触、舌头尝、鼻嗅等来认识世界，发现自我。在这个感觉统合的过程中，脑中的各种信号路径建立、发达起来，宝宝获得了更多的生存经验，认识世界的能力提升，大脑越发灵活。

宝宝一出生就能看到吗

有位妈妈说："宝宝没出生，我就布置好了房间。墙壁贴上了五彩斑斓的壁纸，床头柜换了粉色的。房顶挂满了气球，五彩缤纷。一出生，我就要给宝宝最好的视觉刺激。"

在模糊中发展的视力

刚出生的宝宝，眼球构造正常，功能很差，必须通过反复地看东西，不断接受外界光和物体形象的刺激才能使视觉逐步成熟。视觉是新生儿身上最不成熟的感觉，在出生后，眼睛和大脑中的视觉结构仍在继续发育。虽然视觉发育时间较久，但是孩子以后的很多敏感期，都是依赖于视觉来发展的。比如，走的敏感期、细小事物敏感期、模仿敏感期等。

一方面，新生儿的晶状体肌肉很虚弱，随物体距离不同而调节眼睛聚焦的能力非常有限。另一方面，新生儿的视网膜也还没有发育成熟，视神经和其他视皮层一起传送信息的通路也还需要几年才能发育成熟。虽然新生儿看东西很不清楚，他看到的父母亲的面容只是模糊的图像，但是他在运用有限的视觉能力对环境进行探索。

拿个玩具在宝宝眼前晃动，他能够盯着这个东西并随着我们手部的移动而追视这个物体。而且，亮度不同，宝宝做出的反应也不同。宝宝的视觉发展很快，到了8个月大的时候，宝宝大脑活动区域与成年人看到同样图像时的大脑活动区域完全一样，已经具备了很多视觉能力，比如轮廓、色彩、距离、体积以及让他头晕的深度知觉。

当然，这并不等于孩子的视力发展到这个时候就停滞不前了。有关眼科专家说：如果在两三岁以前视觉发育的关键时期遇到阻碍，譬如度数的屈光不正或一些眼病的发生，使外界的光线物体对眼的刺激受阻，时间长了就会影响视觉的成熟，从而造成弱视。

当宝宝处于某项能力发展的关键期内时，缺乏刺激或者刺激不当都会导致脑发育不良。所以，我们要在视觉发育的关键期为宝宝提供适宜的刺激，以促使脑更快更好地发育。

☆ 及早进行视力开发

《求学》杂志登载了这样一个故事：意大利男孩托蒂有一只奇怪的眼睛：从生理上看，这只眼睛完全正常，但它却是失明的。原来，当小托蒂呱呱坠地时，由于这只眼睛轻度感染，曾被绷带缠了两个星期。正是这种对常人来说几乎没有任何副作用的治疗，对刚刚出生、大脑正处于发育关键期的婴儿托蒂却造成了极大伤害：他的大脑由于这只眼睛长时间接受不到任何外界信息，就认为它瞎了，于是原先该为它工作的大脑神经组织也随之“战略转移”了。

小托蒂的遭遇并非特殊个案。后来，研究人员在动物身上做了很多类似实验，发现结果都是一样的，都严格执行了这一“用进废退”的规则。

1. 一出生就要给予视觉刺激

宝宝出生时的视力确实不是太好，但不管怎样，也足够看见妈妈的脸和乳头，以及挥动在面前的自己的一双小手。

不同时期，宝宝能感知到的色彩也各不相同。0～4个月是视觉发育的黑白期。在这段时间，宝宝看到的只是黑白两色，而且视物距离只有20厘米～30厘米。由于宝宝出生后最先看到的是妈妈的乳房，所以对靶心图像比较敏感。我们可以拿一些类似靶心的黑白玩具，在宝宝眼前来回晃动，以增强他对黑白色调的敏感度。

当然，为了给宝宝日后的视觉发育铺路，家长也可以买些红、黄、蓝色的玩具时不时给他展示一下。即使刚开始看不到这些色彩，时间长了，也能刺激视觉，为宝宝进入视觉色彩期奠定基础。

2. 多多进行视觉训练

宝宝通过学看，能够早早刺激视网膜的发育，有助于视觉的敏锐。宝宝醒着的时候，一双眼睛不停地转动，这是宝宝在好奇身边的世界。利用宝宝的好奇心，给宝宝更多的视觉刺激，不但有利于宝宝认识世界，更利于宝宝的视觉发展。所以，我们一定不要让宝宝的视觉环境过于单一，要不断地在宝宝的床头、四周悬挂色彩、形状不同的玩具；在更新的同时不忘记留下宝宝最爱的那几件。遇到好天气，就带宝宝出去走走，让宝宝见识见识外边的世界。但是一定要注意，不要在阳光太强的时候出去，以免刺激宝宝的眼睛。

妈妈要多给宝宝看一些移动的物品，这样有助于孩子的空间感觉的建立。妈妈给宝宝看某件物品的时候，可以一边让宝宝看，一边给宝宝讲讲这件物品的用途、形状、大小、颜色、与其他物品的对比等。

随着宝宝逐渐长大，我们要尽可能地给宝宝提供对比度强、色彩明艳、几何形状各异的丰富多彩的视觉环境，将能够有效地促进宝贝大脑视觉神经系统的发育。

较早的智力能力：听觉

在一条小巷子里，一群小孩子把鞭炮点燃后到处乱扔，吓唬过路行人。这时，一名孕妇刚好从小巷里经过，一个小孩不小心把点燃的鞭炮扔到她旁边，鞭炮突然炸开，已有8个多月身孕的她吓了一大跳，腹中的胎儿也受到刺激，立即不安分地乱动起来。孕妇腹部疼痛，被送到医院后，提前分娩了。

几乎生来就有的听觉能力

宝宝的听力几乎是与生俱来的，为什么这么说呢？在卵子与精子结合后的第6个月起，就能够聆听。此期胎儿已是一个完整的人，能感受刺激，做出反应，对声音的敏感性几乎是难以想象的。胎儿在母体内听惯了的是母亲的心跳声，听久了，习惯了，便产生一种安全感。

母亲和谐的心音、血流声、肠蠕动声及轻声的说话声，都是胎儿最初的听觉对象。当新生儿脱离母体后，他的听觉和视觉还保留有胎内的印象。出生3天的新生儿，当他正在大哭时，如果能听到高频率的持续的声音在呼唤他，便会把头慢慢地侧向呼唤声的一侧，且能暂时地停止哭声。当婴儿离开母体产生不安而哭闹时，母亲把婴儿抱起贴近左侧胸壁靠近心脏时，婴儿又复听到熟悉的心音，便会安静下来。

有研究者做过实验，孕妇在孕期的最后6周里每天大声读同一篇儿童故事，婴儿出生后，给婴儿听母亲在孕期时读过的故事和母亲在婴儿出生后读的故事的录音，结果发现婴儿明显地表现出对在母体里听到的故事的偏爱。显然，这时期的婴儿对人类的语音已极其敏感，具有了一定的语音感知能力。

良好的听觉功能是智力开发的重要条件，听力对语言的发育起着决定性的作用。专家指出，儿童学习语言的黄金时期是1～3岁。婴幼儿时期，主要是以听言语为主，若此时听力出现问题，必会造成语言发育障碍而导致学习和人际交往的困难，从而影响智力的发育。

☆日常生活中的听觉能力开发

不少孕妇和新生儿家长都担心放鞭炮的响声对胎儿和婴儿有影响。一名怀孕38周的孕妇说，初一凌晨1点多，小区里有人放鞭炮，她本已入睡又被吵醒，醒来后便感觉肚子里的宝宝胎动了半个多小时，“不知道放鞭炮及烟花的响声对宝宝有没有什么影响”？

很有影响！宝宝有可能被吓到或者震坏耳膜，情况严重的还可能引发早产。这样的负性事件也从侧面说明了宝宝在母亲孕中就有听力，可以开发听觉能力了。

1. 跟宝宝说话

母语是婴幼儿智力、听力发育的“营养素”。聪明的母亲，在孩子呱呱落地之时，就应多爱抚孩子，这种无声的交流所表达的爱心无疑是在孩子幼小心灵上抹上的清新隽永的第一笔，从而启动孩子的心理活动，感受到周围陌生世界的存在，建立起自己的思维活动。孩子牙牙学语时，母语的这种参与对孩子智力发育就显得更为重要。因为孩子最早的智力活动就是学话，孩子对周围世界的认识、思维能力的形成，都是通过学话实现的。

有关研究表明：在正常条件下，婴儿出生6个月后，就已开始学习说话了。只是这时属于“鹦鹉学舌”型的，同时将说话的声音与具体的事物对应起来。1周岁左右的孩子往往就能说两三个词语了，18～24个月时，是孩子语言迅速发展的时期，他们开始将单纯声音的信号，转变为具有抽象意义的词语信号，从而初步形成抽象思维。

妈妈多与婴儿进行语言交流。尽可能多地利用孩子身边的人和物，鼓励孩子多开口说话。给孩子洗澡时，一面洗一面说“妈妈给宝宝洗澡”；见到汽车可让孩子学汽车鸣叫；见到太阳可让他向“太阳公公”问好；见到阿姨说“阿姨好”，见到奶奶说“奶奶好”；等等。

2. 多听音乐

节奏感强的音乐可用于开发婴幼儿智力。中央教科所研究儿童能力发展的专家表示，每天让婴幼儿接触打击乐，可使孩子有节奏地运动，同时能有效刺激孩子的智力发育。儿童健康教育专家提出，不会说话的婴儿也懂得借助音乐表达自己的思想。如用“叮咚”表达闹钟报时，用“砰”表达关门等。

打击乐能有效增进宝宝对节奏感的认识和协调能力，促进宝宝在体能、情感等方面的发育。打击乐可增加宝贝控制能力，让孩子随着音乐拍打身体部位，有助于宝宝建立并发展发散性思维。通过有节奏地拍打身体，增加宝宝对手臂肌肉的控制能力，更好地完成精细动作。拍打身体能加速血液循环，促进新陈代谢，也起到了强身健体的作用。

在宝宝情绪好的时候，放一些轻音乐，可以增添他的欢乐情绪，使大脑活动增强，促进智能的发育。

边放音乐边给宝宝做按摩操，宝宝大一点后，可以让他在父母的指导下，跟着音乐和节奏做婴儿体操。

母子在一起的时候，妈妈给宝宝哼唱一些歌曲，声音要柔和、欢快，效果也很好。

3. 让宝宝听大自然和生活中的声音

许多宝宝到了两个月的时候，会注意到生活和大自然中的声音，如走路声、关开门声、流水声、说话声、风声、雨声、鸟叫声等。这些细微却生动的声音，不但可以用来锻炼宝宝的听觉，还可以帮助他认识周围的事物。

宝宝“吃”，不是因为饿

有位妈妈说：“我儿子看到什么都想尝尝。那天，儿子在外边玩，捡了一小块狗便便，正要往嘴里送的时候，被我看到了。好几天，想起来都想吐！真后怕，这要是吃进去怎么办？”

口的敏感期：吃、啃、咬

6个月左右，宝宝口的敏感期就来到了。这个过程一般要持续到1岁左右，有的宝宝持续时间会稍长一些。见到什么新奇事物，不管能不能吃，都要放到嘴里尝一尝。太大了，拿不动，就趴下啃。

宝宝是饿了吗？当然不是！宝宝热衷于用口去尝，意义不是简单地满足生理需要，而是用口去感知遇到的事物，以此认识事物，积累感觉经验。

嘴是这个阶段的宝宝认识世界的主要方式。著名育儿专家秦锐说：“这个阶段的宝宝吃手，只有好处没有坏处。吃手可以训练他的手眼协调能力，培养他的自我认知能力和运动能力。”

通过一次又一次的品尝，宝宝逐渐识别了哪一个可以吃，哪一个自己喜欢吃，哪一个不可以吃！

宝宝口的敏感期一般持续到1岁左右，如果2岁以后，宝宝还是不断吃手、乱往嘴里塞捡到的东西，可能是妈妈没有充分满足孩子口的欲望，还可能是孩子生活不开心压力太大导致，等等。

孩子进入口的敏感期后，喜欢“吃”。从最初的吃手、吃脚，发展到不管手干不干净，捡到的东西是什么，都会往嘴里送。父母最在意的是卫生问题，担心感染细菌。但不管父母多担心，都不能阻止宝宝往嘴里塞东西，口欲不能满足，后果严重。

从认知发展的角度来看，口欲没有满足，将不能及时唤醒手，身体的活动范围会受限，活动能力低，认知水平不高。几岁以后，还可能出现用嘴感知事物的情况。

从心理发展的阶段来看，早期的经历和冲突会影响到成人的兴趣、行为和人格。在心理发展的每一个阶段，父母都要与孩子和谐相处。宝宝有吃的欲望，就要充分满足。否则，可能产生对于相应行为的固着，在以后的生活中保持这种行为的某些方面。

比如，如果一个婴儿曾经因为吸吮手指而受到了严厉的惩罚，那么他很可能会在长大后出现吸烟等替代行为。

☆ 满足孩子口的欲望

家长对孩子口部欲望的满足，关系到孩子下一个敏感期的到来，当孩子用口唤醒了手的时候，那个时候，手的敏感期就到来了，宝宝的能力就顺利向下发展。

当孩子处于口的敏感期的时候，我们如何支持和满足孩子口的欲望呢?

1. 尽情地吃

1岁前的宝宝，有个阶段特别喜欢吃手、啃脚丫子，这个状况大概从3个月开始。躺着，握着小拳头就啃，抬腿抱着脚丫子咬得津津有味。

把宝宝的手、脚洗干净，让他尽情地吃，父母会发现，他很开心。吃手持续的时间将近1年，宝宝会坐、能爬的时候，还会吃手。如果是在外边，玩得小手不干净了，妈妈可以给他玩具，转移一下注意力。

2. 让宝宝远离危险物品

什么是危险物品？小的、尖锐的、有毒的，被宝宝吞咽进去，有生命危险的物品，一定不能让宝宝够到。

等宝宝会翻身，能爬会走了，更要提前收好，放到宝宝不能够到的地方。

有些东西，容易被妈妈忽略。如玩具上带的小扣扣、小钉子，宝宝长牙后，很容易咬掉，吞咽下去后，很危险。掉毛的玩具，也少给宝宝玩。

在外边玩耍的时候，小石子很容易引起宝宝的兴趣，玩的时候，看住宝宝别放嘴里。

3. 提供咀嚼物品

给宝宝一些磨牙的食物，有利于满足宝宝的口欲。在小盘子里放一些长条或者块状的小食物，不但锻炼了宝宝的抓握能力，还满足了口欲。煮熟的猪肝、切成小块的苹果等，都是不错的选择！

深度解析宝宝的抓、抢、打

娇娇妈觉得女儿现在是越来越不好带了，每次喂她吃东西都要好久。妈妈把饭送到她嘴边都不吃，非要抢勺子、筷子自己吃。要是真给她了，她就放下餐具，用手抓，弄得餐桌上到处都是饭粒和菜。急得妈妈直跺脚，她就是不让妈妈喂。有一次，妈妈洗了一个西红柿放在小碗里，放到娇娇的面前，一句话的功夫，娇娇就把西红柿抓了个稀巴烂。

最要命的是，她还到处捡东西，不管是在家里还是在外面，看到了感兴趣的东西就捡起来。有的看看就扔掉，有的还放进嘴里，尝尝味道后，龇牙咧嘴地吐出来。

家里本来不缺吃的，可是看到别的孩子吃东西，她一声不吭地伸手就抢，搞得妈妈非常难为情。

妈妈疑惑，难道这就是进入了手的敏感期的孩子的表现吗?

认识手的敏感期

孩子的手是被口唤醒的，也就是孩子在吃手的过程中，认识到了手的能力。比如，手可以把自己想要的东西拿过来，把想吃的东西送到嘴边，可以拉着妈妈的手，搂着妈妈的脖子，可以辨别面前的东西是软是硬，等等。

手是这个年龄段认知的重要方式，因为手有认知的功能和记忆的功能，还有代替语言表达的功能。叶圣陶说，孩子的智慧在手指上。就是这个道理。我们知道大脑的神经通路是开始于躯干、四肢的皮肤的浅感觉和开始于肌肉、肌腱、关节的深感觉，这些感受器受到刺激后，向上传导，达到大脑皮层，促进了脑部突触和神经纤维的增长与彼此的连接，大脑回路增加，区域脑功能获得了提高。所以说，手部活动越多，越能促进大脑发育。

这个时候，很多孩子不能顺利用语言表达自己的想法，就会用手来代替。不过，代替的方式可不是成人世界里的用握手表示友好、用摆手表示拒绝，而是想怎么用就怎么用，比如，打、抢，这也给家长带来了许多麻烦。

当手的敏感期到来的时候，口的敏感期还存在，因为要发展手的能力，认识手的功能，宝宝会不停地做出各种动作、触摸各种物品。手活动的范围加大，特别是会爬、能走的时候，可放到手里的物品也就增多了，能放入口里的物品也增多了。宝宝对于能吃和不能吃的物品、卫生不卫生的物品没有很清楚的界定，很容易把脏东西放进嘴里，这个时候，就需要家长对孩子看得细致一些。

尤其是孩子发现新的物品的时候，判断不出是什么东西、做什么用的时候，就会用到最初的熟悉的方法，用嘴啃啃、用牙齿感觉感觉，再看一看，这个过程是习惯化与去习惯化的更替，出现的可能会很频繁，家长也要多留意。

这个时期，虽然手、口、爬、走等活动都有所发展，并且可以同时进行，但只是一些低级的行为图式，因为儿童只能协调感觉和动作活动。所以，较复杂的行为，还是需要父母帮忙的。

☆ 发展孩子的手部功能

如果父母长期阻止或替代孩子的自主行为，会使孩子感觉很痛苦，会认为自己的痛苦来源于父母，这样孩子和家长的感情就受到破坏，以后再教孩子的时候就会有很大的阻力。心理学家皮亚杰说：“心理发展源于动作，动作产生认识。”不要怕孩子好动，只有多动，才能打开孩子认知的通道，使孩子实现对自己、对世界的认识。

感觉是认知的重要方式，孩子就是通过手部皮肤、肌肉、关节等的感觉，来实现对事物的认知和神经系统的发育。那么，我们怎么做，才能起到支持孩子手部敏感期的到来作用呢？

1. 给孩子抓、摸的机会

手的敏感期到来后，宝宝不停地去触摸能够够到的物品，这个时候爸爸妈妈可烦了。此时，爸爸妈妈要注意调节自己的情绪，告诉自己，这个阶段的发展非常重要，会影响宝宝的一生。所以，为宝宝提供适宜的环境，支持宝宝成长对宝宝来讲是父母最为重要的养育责任之一。这样，动机清楚了，也就能够排解掉厌烦的情绪了。

不管是宝宝摆弄妈妈的饰品，还是乱抓父母的衣服，或者把水果等软东西捏个稀巴烂，把鸡蛋拍碎，弄脏衣服、地板什么的，父母都不要打骂宝宝，因为这个过程是宝宝感受、体验不同物品，发展认知的过程，顶多教会宝宝玩得更安全些、不要破坏环境就够了。

2. 引导小“强盗”

当宝宝抢别人东西的时候，有的家长喜欢称他为“小强盗”。其实，这么给宝宝贴上负面的“标签”，不但误解了宝宝，而且容易引导不清楚褒贬的宝宝真的养成“抢”的习惯。

我们一直在说，养育3岁前的宝宝，一定要按着孩子的自然规律科学去养育，否则的话可能成为孩子成长的障碍。此时的孩子可能分不清什么是你的、我的，当别人有什么东西的时候，自己也想有，不由自主地伸手去拿了。这个时候，家长要帮助孩子提升认识。

妈妈可以对孩子说："那是小朋友的，咱家里有，咱们回家拿！"也可以说："你问问小姐姐，给你玩一会儿行吗？"这样，在孩子心中树立一个东西是别人的，想玩要好好跟人家商量，或者去家里取自己的玩的观念，而不是伸手就抢。

3. 改变"打"的行为

小孩子出去，常有"打人"的动作，特别是稍大一点，有了力气后的孩子很容易把对方打疼。其实，很多时候，孩子不是想"惩罚对方，让对方痛苦"而发出这个暴力动作。孩子可能想跟对方打个招呼或者引起对方注意什么的，所以，家长要注意抓住时机，教会孩子正确的表达方式就好了。

比如，当孩子来到小朋友中间，伸出手来的时候，家长在孩子的手还没有落到对方身上的时候，快一步拿着孩子的手触碰对方的手，做这个动作的同时对孩子说，轻轻地握一握手，就是好朋友。从这个动作中孩子就学会了和对方握手是一种交朋友的方式，手也付出了行动。渐渐地，他们就懂了怎么跟对方打招呼。

宝宝用手拍打爸爸的脸

贝贝1周岁，已经能够晃晃悠悠地走路了，也更淘气了。爸爸坐在沙发上，张开双臂，想抱抱宝宝，没想到宝宝走过去却打了爸爸一巴掌！嘿，真有点劲儿！你这暴力小子，又打人。爸爸把他扔到沙发上走了，贝贝却眯起眼睛笑了起来。

从五六个月开始，爸爸就常被贝贝拍巴掌。

 “暴力小宝”不暴力

孩子的手是被口唤醒的，也就是孩子在吃手的过程中，认识到了手的能力：能打人，抓住想要的东西，摸妈妈的脸，可以张开，能撑住身体，等等。

宝宝拍打别人，不是“厉害”“暴力”，而是在表达。可能是“友好”“欢迎”“亲昵”“排除”“不同意”“你冒犯了我”的意思，他们不具备语言表达能力，于是就用打、挠、咬等很直接的行动来表达。宝宝这么做，跟道德无关，只是一种表达方式。“我喜欢你想拍拍你，你让我不开心了或者阻止了我的活动，我就要‘排除你’，我就用手打你或者用嘴巴咬你。”在这样的活动中，宝宝感受

到了“我”和“你”不一样，我的动作能够影响你，是“自我”意识的体验，很直观地界定了自我。

1岁左右，手的功能分化有了突破性发展，手以及胳膊的支配能力增强，打这个动作很有力度，做出后，会有很大反响。比如，妈妈大喊大叫，爸爸的眼镜掉下来，挨打宝宝大哭。这么大的影响力对宝宝是一个很大的鼓励，更喜欢打了。

★宽容对待宝宝的“打”

家有打人宝宝，妈妈不要太焦虑，好好引导，宝宝一定能够以“不打人”的方式发展智力，对待他人。

1. 多关注宝宝

如果宝宝打人、扔东西是在一个人的时候，并伴随着大喊大叫，表情不是很愉快，可能是孤独、寂寞了，他在吸引妈妈的注意力。妈妈要放下手上的事情，陪宝宝玩一玩，情况就会好许多。

2. 不要惩罚，更不要打回去

宝宝打人后，妈妈不要顺手打回去，这样可能带给宝宝一种以暴制暴的认识。也不要以其他方式惩罚宝宝，惩罚会让宝宝心灵受伤，对父母产生不好的感觉，影响安全感建立。

3. 让宝宝“打”个够

当小宝宝有“打”的行为的时候，其实是他原始生命力的正常展现，我们的制止很可能导致宝宝的攻击性转向自身，比如，打脸、咬指甲什么的。

接纳小宝宝的“攻击行为”，当宝宝拍打妈妈、拍打小玩具的时候，抱起宝宝、给宝宝一个微笑，这种原始生命力被鼓励的感受会让小宝宝觉得环境安全，自己是被祝福的。

当然，宝宝稍大一些，在和小朋友一起时，在玩耍中因为争抢某个物品而有打的行为的时候，我们可以跟宝宝说："大家一起玩，很开心。轮着玩，怎么样？"如果你的宝宝打人频率高，就要近距离陪伴，争执发生前，给宝宝一个"不打人"的解决方式。

宝宝主动“再来一次”

瑞瑞妈妈说：“我觉得我儿子好奇怪，他把鞋子穿好后，不是走路，而是脱了重新穿，不管大人多么着急，他都要细细地重新来一遍才罢休。玩积木的时候，垒得很高有模有样，可以欣赏了，他却推倒重新来过，连旁边的大人看着都可惜。宝宝为什么这么爱重复呢？”

宝宝的认知方式：重复

如果妈妈在产检后期从B超中观察过宝宝，可以看到小宝宝在妈妈肚子里一遍遍吮吸自己的手指，正是基于这样的重复练习，宝宝一出生就会卷起舌头，条件反射般地吮吸妈妈的乳汁了。

对宝宝来讲，重复是一种很重要的学习和体验方式。宝宝重复做一件事情，一般都是在对于这件事还没有熟练掌握或者心理发展还没有进入下一个阶段的时候，他通过不断重复帮助自己学会、记忆得更牢固、认识得更深入，在这个过程中宝宝还能体验到成功和进步的快乐，心情会大好。

重复不但帮助宝宝习得了某方面的知识，同时也促进了大脑发育。从神经科学的角度来讲，学习经验在脑中以突触连接的形式保存，当个体习得新的知识、经验时，脑中神经元之间的联系增加，表现为新突触的形成，或已有突触连接的修正，使得突触的数量或形态发生改变。

大脑里突触的数量越多，突触之间联系越紧密，大脑皮层上那些大大小小的褶皱——沟回越深，大脑皮层的表面积越大，宝宝的智力越发达，思维活动越高效。

但是，如果不断地重复练习，则不能促使神经元之间形成新连接，只是强化了已有的连接途径，导致血管密度增加，突触数量不变。大脑的这个特性使得那些死读书、陷入题海的孩子会越来越笨。

我们不要担心小宝宝重复做一件事会变笨，宝宝很聪明，他的重复是有时间限度的，超过了这个限度，宝宝的兴趣点、要重复做的事情就会转移。

宝宝每天都在无声无息地持续快速地成长着，今天还不会说话的宝宝可能第二天就能开口叫“妈妈”了。宝宝内在的生长速度是成人无法估计和想象的。对于快速生长着的宝宝来说，今天的“我”已经不同于昨天的“我”了，相同的一件事情没有变化，但是做事情的人已经有了内在的变化，因此宝宝每次都能在相同的故事中找到不同于以前的体验。乐此不疲听着同一个故事，对于他来说，不是单调的反复，而是每次都有新发现。

由此可见，宝宝在某段时间重复地玩某个固定的游戏或玩具，是生命个体发展的需要，是宝宝大脑发育、理解事物、认识世界的重要方式。我们不能厌烦，更不能制止，而是应给予理解和支持。

重复做一件事情会令宝宝很开心，是因为在这个过程中宝宝享受到了拥有新本领的快乐，以及在掌握的基础上能够按着自己的意愿改变的掌控感。等过了一段时间，宝宝发现他再也不能从这件事情中找到新感觉时，自然就会把兴趣转向新的事情。

☆ 支持宝宝重复练习，识别退行性重复

当宝宝重复做一件自己刚刚掌握还不是很熟练的事情的时候，那是他学习的最好方式。反复听同样的内容能帮助他记住这些信息，而且记忆时间也会越来越长。12～18个月的宝宝比2岁半的孩子更需要重复来学习和记忆新东西。

1. 宝宝要求重复讲一个故事

宝宝要求听同一个故事，是因为他已经基本记住了一部分故事情节，能预见到下面的内容，有利于他参与、理解和想象。在重复听故事的过程中，宝宝有时会主动说出某个情节、提出某个问题，宝宝会因为自己具有了一定的主动性而感到满足。为了让宝宝更深切地体验到对故事熟悉的满足感，妈妈可以对宝宝说："给妈妈讲讲昨天听的《花仙子》的故事！""花仙子里的大狗熊长什么样？怎么叫唤？"

2. 宝宝重复，妈妈不要嫌烦

有的时候宝宝不断重复地做一件事，会给家长带来很大的麻烦。比如，处于空间敏感期的宝宝会不断地重复扔东西，父母捡得快，宝宝就扔得快。对宝宝来讲，这是实现了对某件物品支配力量后的快乐体验，他会充满激情地去做；对父母来讲，不断地寻找并捡起一件物品，觉得很浪费时间，可能捡着捡着就不耐烦了。这个时候，家长要自我克制一下，告诉自己：这是宝宝成长和发展的需要，支持宝宝这么做就是很好的教育。

3. 出现退行性重复

有的时候，宝宝会做出一些与年龄及其不相称的动作，比如，两三岁甚至更大的宝宝吸吮手指。这样的行为在心理学上称为"退行"，当一个人面对自觉无力应对的压力时，将自己退行到幼童时代，以此来保护自己。

3岁前，宝宝最容易出现的退行性行为是吸吮手指。

吸吮手指是宝宝在口的敏感期也就是1岁以前做的事情，一方面是想重温原先在妈妈肚子里的安全感，另一方面是唤醒手。除此以外，宝宝饿了、思念妈妈，有了恐惧、害怕、焦虑的负面情绪的时候也会通过吸吮手指来安慰自己。

当两三岁的宝宝突然频繁地吸吮手指，要找找原因。宝宝可能遭遇到了情感挫折、分离焦虑。换学校、搬新家、和好朋友闹矛盾、戒奶嘴、和父母分离、重要照顾者离去等是比较常见的导火索。这些事情动摇了宝宝的安全感，为了平衡内心的焦虑和恐惧，选择了吸吮手指来自我安慰。

宝宝坐摇摇车，可能会有听力伤害

优优3岁，最近妈妈发现孩子经常抠耳朵，看动画片时总是嫌声音小，妈妈跟他说话，他常常有听不清楚的情况，皱起眉头让妈妈大声点。

妈妈担心宝宝听力出了问题，到医院一查，听力下降。不是先天性的，那就是后天造成的。我的天哪！怎么弄的呢？一家人一起想，儿子没有被大声刺激过啊！春节放鞭炮一直是躲在房间里，而且小区里放的鞭炮很少啊！

啊？奶奶一下子想起来了！是不是坐摇摇车弄的呢？优优从8个月开始，家人就扶着他坐摇摇车。刚开始每天一两次，现在，一天要坐10来次。自从楼下超市装了摇摇车后，一出门就能看到，看到优优就要坐，坐上去就不下来。

奶奶觉得价格不贵，还能学儿歌，坐上去优优也不调皮了，自己还能省点力气，就没限制次数，谁想到惹出大问题了。

宝宝的听觉系统很怕噪声

当下，新奇玩具层出不穷，玩玩，能够开发智力，妈妈当然愿意宝贝玩。但是玩的时候，妈妈们要考察一下这些玩具是否会伤害宝贝。发声玩具，就容易存在隐患。玩具的噪声若超过80分贝，就会对儿童的听觉系统造成损害。

早期不良环境对婴幼儿听觉系统的发育有什么影响？这种影响和他们语言、智力的发育有什么关系？华东师范大学周晓明教授作为共同作者和美国加州大学Merzenich MM教授在美国《国家科学院院刊》发表的研究论文或许有助于回答这些问题。在题为《早期间断噪声对听皮层处理声音时间性信息的持久影响》的研究论文中，作者发现出生后“关键期”中等强度的间断噪声暴露会严重影响大鼠听皮层神经元对连续声刺激的跟随能力。和正常动物相比，这些动物对不同间隔的连续声刺激的反应强度、调谐特性及反应同步性均有明显下降。这种影响在结束噪声暴露后一直持续到成年。

自然界的声音，包括动物的发声和人类的语言，均包含有特定的时间性信息。要精确感知这些声音依赖于大脑对其包含的时间性信息的及时处理和整合。

对婴幼儿而言，听觉系统对连续声跟随能力的损伤不仅影响到他对声音的感知，还会造成他语言理解能力的缺陷，并进而影响到智力发育。鉴于听皮层在听觉系统对声音时间性信息的处理和整合过程中起关键性的作用，该项研究提示早期不良声音环境造成的不仅仅是成年后听力的损伤，或许还会造成语言理解能力和智力的缺陷。

有记者调查到，很多市面上运营的摇摇车，声音都高过了80分贝，大多在100分贝以上。噪声污染就是这样在悄悄影响着孩子们的听力。

噪声对儿童听力的损害主要由声音的强度和时长决定，有时即使是50分贝左右的小音量，如果暴露时间持续较长，也会损伤听力。而80分贝以上足以对儿童听力造成危害，如果经常接触，儿童会产生头痛、头昏、耳鸣、记忆力减退等症状。

新生儿出生3天就要进行听力检查。一般人耳听到超过90分贝的声音就会感到难受，如果暴露于过大的响声中，或者暴露于较大响声中的时间太长，易造成胎儿或婴儿的惊吓和烦躁不安。

2016年1月1日起实施的新版《玩具安全》系列国家标准，提高了对声响、机械部件、燃烧性能等安全指标的要求。声响被列为强制性要求，并加严了部分限值：近耳玩具产生的平均声级不应超过65分贝，除近耳玩具外的所有其他玩具产生的连续声音的平均声级不应超过85分贝。

★ 怎样避免宝宝听力受伤害

父母都懂得宝宝的听力有多重要、是多么脆弱，为了避免宝宝的听力被伤害，需要从以下几方面注意。

1. 带着孩子远离噪声源

有的时候，生活中会突然出现一些噪声，比如装修打电钻的声音、游乐场的玩具声、商店开业的超大音响声、节假日超市的促销声等，带宝宝远离这些声音会更安全。

如果临时遇到大的声响，就让宝宝张开嘴巴、捂上耳朵，这样可以减少过大噪声对耳膜的伤害。

2. 挑选、玩玩具应注意的问题

挑选玩具时应该考虑噪声因素，不要一味地求新，应避免孩子接触高音量的玩具。购买发声玩具时应开动试试，避免任何会发出持续响亮声音的玩具，在玩的时候，一定不要把发声玩具靠近宝宝的耳朵。

3. 春节，如何躲开鞭炮声

春节是我国的传统节日，免不了有人为了图喜庆放一些鞭炮。鞭炮声声，听上去热闹，但是声音太大，会损害宝宝的听力。

除夕之夜，为了防止鞭炮声影响宝宝的听力，家长可以给宝宝戴上帽子护住耳朵，也可以给宝宝耳朵里塞上棉球。等鞭炮声过去以后，再取出来。

宝宝好奇心较强，喜欢追着大人凑热闹，当外面热热闹闹放鞭炮的时候，他不一定就听话地待在家里。为了让宝宝配合，可以提前告诉宝宝，鞭炮的声音太响，可能会损害宝宝的听力。

如果宝宝还小，那么，在除夕夜把房间的窗户关好、窗帘拉上，妈妈可以把宝宝抱在怀里，即使外边声音很大，在妈妈的怀里宝宝也不会被吓到。宝宝睡着后，妈妈不要离开宝宝，妈妈在身边，即使被鞭炮声惊醒，也不会受到惊吓。

4. 注意观察宝宝听力是否异常

为了避免延误病情，妈妈要懂得婴儿听力异常的常见表现。比如，跟他说话时，无动于衷；与人说话时经常“打岔”，经常侧着脸与人说话；讲话时非常注意对方口型；看电视时声音开得非常大，你已经觉得很吵了，他才觉得刚好；说话声音很大；耳朵疼痛。如果宝宝有以上几种情况，就要带宝宝去医院检查一下。

细小东西是宝宝眼里的宝

有位妈妈说："我儿子1岁半多，见到插板上有按钮就立刻按掉。有一次去朋友家玩，大家一点没察觉，儿子就关掉了插板上的按钮。当时，朋友的爱人正在电脑上查资料，还没来得及保存，全废掉了。那个不好意思啊！"

有位妈妈说："我女儿不到1岁，最近迷上了沙发垫上的小线头，时常坐在沙发上揪，拇指与食指常常对不准，揪住都很难，更别提揪掉了，但是宝宝一点儿也不气馁。本来想把线头剪掉，看到宝宝这么专心工作，就给宝宝留着吧！"

对细小物品感兴趣的敏感期

宝宝在会爬以后，会对碎纸片、小扣子、面包屑、小豆粒、小线头、小洞洞之类的小事物感兴趣。如果能够捡到手里，就会放进嘴里品尝，有时甚至直接趴下去舔。对小东西感兴趣是这个阶段宝宝的特点，所以在没有危险和影响身体健康的情况下，不要阻止，而且可以锻炼宝宝眼与手的协调能力。

这个年龄段的宝宝还不能靠言语思维，需要通过手的触摸、皮肤感知、舌头品尝感知世界，认识事物。所以当他拿着东西的时候，代表他正好奇探索世界。当他到1岁以后，有一段时间对周围环境的探索欲望集中在细小事物上，比如，妈妈做饭的时候掉在地板上的一粒米、放在沙发背后的插板上的小圆按钮……他或许见到过父母在使用这些小东西，但是没有亲身体验过，出于一种本能的需要，他要搞明白，怎么办呢？最简单也是最直接的方法就是依靠嗅觉和味觉来完成。

在这个过程中，宝宝的触觉和视觉能力获得了发展。细心的妈妈可以发现，对于小宝宝，要他捡起一粒米是很困难的事情，要反复操作几次，因为儿童不是天生就能观察和抓捏细小事物，需要小手的肌肉和手眼协调能力发展起来以后，才能顺利地拿起来。

一般情况下，儿童对细小事物的好奇心要等到2岁多才能消退，那个时候孩子又开始了新的成长目标。

☆ 支持宝宝关注细小事物

宝宝观察、捡起、品尝细小物品，是身心各方面发展的需要，我们不能强行制止，在给予支持的同时还要注意做好安全工作。

1. 不要因为脏而怒斥宝宝

为了给宝宝以警惕，有的父母看到宝宝从地上捡东西吃时，就会黑脸，大声呵斥宝宝，甚至一伸手打掉宝宝手里的东西。宝宝这样做时，父母一定不要怒斥孩子，也不要用手打掉他手里的东西，这样会惊吓到年幼的孩子，打击他的探索欲望。如果父母经常这样，宝宝可能会成为没有自信与探索精神的人。

当宝宝捡了东西往嘴里放的时候，我们可以让宝宝闻闻这些东西不是食物的味道，有了这么直观的认识后，可以告诉他这些东西不可以吃，吃进去身体会生病，肚子会痛。如果我们强行制止宝宝，不让宝宝碰，可能会激发宝宝更强的兴趣。

宝宝的探索欲望是受生命自身发展内在动力驱使的，我们的制止行为其实是在拖成长的后腿，使得宝宝的发育、发展减缓。

2.告诉宝宝那是什么

当宝宝对某个细小物品感兴趣的时候，如果我们担心会被宝宝吃掉，不妨陪着宝宝一起认识认识。让宝宝摸摸，是不是很硬？用力的话，手指会不会疼？让宝宝看看，周围是不是有很多？让宝宝比一比，这个东西和那一个有什么区别？这样的引导既教会了宝宝认识方法，激发了宝宝的探索欲望，同时也避免了宝宝用口去品尝的危险。

3.及时清场，防止宝宝误食

宝宝进入细小事物敏感期时已经会爬了，对细小物品的好奇加上身体可以到处移动的便利，让宝宝有更多接触细小物品的可能性。所以，家人要经常检查地板上、床上、桌椅、沙发上等是否有小物品，比如：纽扣、针线、大头针、药片、曲别针、线头、纽扣电池、泡泡糖、气球、豆粒、糖丸、硬币等，如果有就及时清理掉，有用的物品放到宝宝够不到的地方，没用的物品及时扔掉。

垃圾筐里会有很多废弃的东西，而且很脏，容易感染细菌，妈妈最好选择那种带盖的垃圾筐，即便这样也要及时清理。

4.误食后，要正确对待

有个孩子，曾经误食了从妈妈包包上掉下来的钻石样的玻璃珠，妈妈赶紧把宝宝带到了医院，大夫诊断说先回去观察几天，如果有不适出现再就诊。就那几天，一家人轮流值班，24小时不睡觉观察孩子，一直到玻璃珠随着粪便排出，大家才松了一口气。

一两岁的宝宝误食小东西很危险，容易窒息、梗阻。家长除了特别小心外，还要懂得处理方法。吞食圆形光滑的小件物体，如水果核、小珠、纽扣时，当时就把手指伸进宝宝口腔，刺激其舌根催吐。当进入气管的异物靠近喉部的时候，就容易吐出来。如果没有吐出来，可观察几天，宝宝如无异常和不适，说明未造成伤害。只要多给宝宝吃些蔬菜、香蕉，几天后就能随大便排出。吞食带棱角的东西，如针、别针等，易卡住食管，压迫气管，或刺伤周围大血管，应立即送医院急救。

不停地扔掉手里的玩具

那天，妈妈给耀耀洗完澡后，拿奶瓶准备给耀耀冲奶，喝完好睡觉。这时，来电话了。妈妈忙着去接电话。刚拿起电话，还没开始说话，就听到身后扑通一声，妈妈扭头发现，宝宝把奶瓶扔进了澡盆里，宝宝自己正站在床上扮着鬼脸哈哈大笑呢。

接完电话回来，妈妈看到了更离谱的情况。浴盆里已经漂浮着好几件物品了，什么小鸭子、小狗熊、小袜子，而此时，耀耀正在床上寻找东西往下扔。正要抱起枕头的时候，妈妈抓住了他的手，冲着屁股来了一巴掌，耀耀哇哇大哭起来了。

宝宝扔东西：认识空间、发展手的力量

面对出生两三个月的宝宝，当我们试图把东西放到他的手里的时候，他不但抓不住，甚至连握住的意愿都没有。为什么呢？因为这个时候是“口的敏感期”，按着宝宝内在秩序的发展，宝宝正竭尽全力唤醒自己的口的功能。他会把手放进嘴里，会不停地吐舌头、吧唧嘴。与这种现象同一个道理，宝宝反复、不停地扔东西，也是某个敏

感期在作怪，是“空间知觉”“手”发展的敏感期。宝宝通过扔东西感知物品、自己和空间的关系，认识自己手部的力量。

在这个过程中，宝宝会很快乐，特别是较小的宝宝。他一直处于被别人照顾的地位，就算自己做事也是小动作、比较轻柔的行为，而把东西从高处扔下来，需要臂部用更大力气、手部更精细的动作、手眼更好地协调、身体各个部位更紧密地配合，算得上较复杂有力量的行为，彰显了宝宝的能力，能让宝宝内心“爽”起来。难怪宝宝会扔了一次又一次，正是这样的愉快体验促使宝宝不断地扔东西。

最为重要的是，宝宝会发现扔不同的物品、扔到不同的地方产生的效果不同。如果扔的是皮球，皮球会蹦得很高、跑得很远；如果扔的是西红柿，西红柿会被摔碎，还会流出很多水；如果扔的是枕头，则没有什么情况；扔到地板上和扔到水里情况又是不一样。在这个过程中，宝宝又进一步认识了世界、提升了能力。

☆带宝宝无损失地扔

宝宝扔东西是成长的需要，同时也是带有一定的破坏性的，怎么做才能既满足了宝宝成长的需要又避免了破坏，妈妈就需要花费一些心思琢磨琢磨了。

1. 制止孩子的无礼扔法

什么是无礼扔法呢？拿硬物向别的小朋友身上扔、把玻璃杯样的易碎物品往地上扔、把沙子到处扬等。我们要及时告诉宝宝扔这些东西的危害，如果扔了父母就要惩罚他，是真正的惩罚，而且每次都要惩罚，因为多次重复更有利于宝宝记住。

如果宝宝是因为生气才扔这些东西，妈妈一定要告诉宝宝无论是与小朋友发生矛盾还是自己心情不好都不能用扔东西的方法来撒气，而是要用语言沟通。

2. 和宝宝一起扔

如果我们只是告诉孩子什么东西不可以扔，那么，宝宝就会觉得妈妈很无情而难以接受，但我们同时告诉宝宝什么东西可以扔、怎么扔，并同宝宝一起扔，那么，宝宝就会很开心了。

在外面的空地上和宝宝一起扔皮球，宝宝站到高处扔，妈妈在低处捡。玩一会儿后，就换换方式，妈妈站到高处扔，宝宝在低处捡。

和宝宝一起扔乒乓球。妈妈事先准备一个盒子或者小桶，大小以宝宝能够投进去为准，然后妈妈就可以和宝宝比赛投球了。

3. 让宝宝帮你扔

在家里，总会遇到需要“扔”的时候，那么，就请宝宝帮忙吧！那样会让宝宝很有成就感的。父母吃水果削皮的时候，可以对宝宝说：“宝贝，把水果皮扔到垃圾桶里去！”父母捡到了宝宝的某个玩具，对宝宝说：“去，让玩具回家，扔到筐里去！”……这些都是锻炼宝宝扔的能力的好方法。

4. 让他一次扔个够

宝宝扔东西是一种活动，很多是需要捡回来的，和孩子一起捡、一起收拾，有利于培养孩子整理物品的能力和负责精神。我们当然不能指望孩子能在我们的吩咐下去完成任务，因为孩子还小，寻找能力、耐心都不够。我们可以领着孩子一起收拾，每当孩子找到一件物品就鼓励鼓励他：“我儿子都能找东西了！真是长大了！”“儿子找得很认真！真好！”这样，孩子会更有积极性。

宝宝在家翻箱倒柜，在外照样

宝宝会走路以后，就跟小小探宝家一样到处乱翻，只要他能够得着的箱子、柜子、抽屉以及放着物品的较隐蔽的地方，甚至连妈妈的包包都不放过，他都要看看有什么，然后找自己感兴趣的东西整个明白。每次给宝宝清理战场都会累得妈妈直冒汗。

理解翻箱倒柜的孩子

一两岁的宝宝总喜欢翻箱倒柜地找东西，这是他在满足自己的强烈好奇心，是成长的需要。所以，任何一个孩子，都会在会走以后1岁左右进入一个“到处翻”的阶段。一般情况，他翻找的对象是家里的抽屉、箱子、放着东西的边边角角。不管里面放的什么物品，只要他觉得有趣就会一件件鼓捣出来，摆在茶几上或者地板上，然后坐在那里饶有兴趣地把玩。有的家长会感到奇怪，自己给他买了那么多玩具，他丢在一边不玩，竟然玩这些东西。

在一两岁孩子的眼里，所有的东西都是他的“玩具”，越是没玩过，就越想搞明白这是什么东西，从而获得更多的对周围世界的新认识经验。

玩是这个阶段孩子重要的成长方式，翻找东西在宝宝心中是一种有趣的玩法，他的双手的肌肉在接触大小不同、形状不同、质感不同的物品的过程中变得更加灵巧，为更复杂的操作奠定基础；他的躯干、四肢在不断攀爬的过程中变得更加健壮、对身体的控制能力更强。

细心的妈妈能够发现，淘气、乱翻的孩子，他的整个身体的协调能力更强。

☆ 为宝宝创造良好的翻找环境

既然翻找能够促进宝宝成长，我们就没有权利剥夺，唯有给孩子提供更好的翻找条件，与宝宝积极配合，让宝宝感受到父母的爱，才能更好地促进宝宝发展。

1. 设置一个安全环境，满足宝宝

宝宝眼里没有“摔伤”“刺破”“高不可攀”这样的词语，不会为了避免伤害而停止某些行为。他处于感知运动思维阶段，我们苦口婆心跟他讲他也理解不了、记不住。为了让宝宝翻找得更安全，我们只有做好安全工作。

宝宝踩着桌子、凳子能上去或者够到的地方，不要设置抽屉，或者上锁；低处的抽屉、收纳箱里不要放置尖锐的物品，如刀子、剪子、刀片什么的，也不要放置贵重物品，更不要放置易碎、可以吃的东西。

尤其重要的一点就是，不要用食品的包装去装药物类、化学类物品，很多宝宝在这个阶段还处于用嘴去认识物品的阶段，一旦被宝宝误食，伤害就大了。

为了满足宝宝拉抽屉翻箱子的欲望，家长可以专门设置几个宝宝的小抽屉，分别放宝宝的食品、玩具、书籍、小鞋子、小衣服等，这样，宝宝就在拿自己的物品的过程中认识了抽屉、收纳箱的作用，也满足了翻找的欲望。

2. 多与宝宝进行翻找互动

家里的物品都是装在箱子里的，而且不同类型的物品放在不同的箱子里，我们用的时候可以让宝宝来拿，用完了让宝宝送回去，这样，也是一个很好满足宝宝翻找欲望的方法。

3. 教宝宝学会不翻别人的包包

如果我们及时地对宝宝进行教育，让宝宝懂得别人的包是不可以翻的，那么，宝宝就不会做出让我们汗颜的事情。

平时，无论是吃饭还是用物品的时候，妈妈都可以对宝宝说："这是宝宝的，这是爸爸的，这是妈妈的！"当宝宝对爸爸的用品好奇的时候，可以对宝宝说："这是爸爸的剃须刀，宝宝想看，要看爸爸是不是同意！"

4. 设计小游戏满足宝宝的"翻找欲"

如果宝宝在家里大翻到一团糟的时候，可能是宝宝精力太旺盛了需要消耗。天气好的话，就带上宝宝去外边玩玩，无论是扑蝴蝶或者堆沙堆城堡，再或者捉迷藏的游戏，都能激发这个年龄段宝宝的兴趣。

不知不觉，宝宝就学会了

平时，宝宝尿了，妈妈就用抹布擦一下。有一次，妈妈在忙自己的事情，宝宝在一边玩，妈妈扭头发现宝宝正拿着自己的小裤子擦地上的尿迹呢！妈妈惊喜，宝宝学东西怎么这么快呢？没人教，不知不觉就会了！但是，妈妈也有担忧，宝宝看到爸爸吸烟，到处寻找爸爸的烟盒，有一次还捡了爸爸扔掉的烟尾巴！现在妈妈是处处提防着宝宝！怕他学了不该学的东西！

妈妈的担心很有必要，进入模仿敏感期的宝宝特别善于模仿，而且能够很快学会。但是，这个年龄阶段的宝宝还没有辨识能力，只要见到新鲜的说法、做法就会学，以至于学骂人、学打架。

宝宝学东西特别快：模仿的敏感期

所谓关键期，也称作敏感期，是指有机体早期生命中某一短暂阶段内，对来自环境的特定刺激特别容易接受的时期。在此期间，大脑对某种类型的信息输入产生反应，以创造或巩固神经网络。这个阶段，一般指的是在0～6岁的成长过程中，儿童受内在生命力的驱使，在某个时间段内，专心吸收环境中某一事物的特质。敏感期里，儿童会不断重复某个行为。顺利度过一个敏感期后，就进入下一个敏感期。

宝宝出生后模仿能力就开始萌芽并发展了，他的模仿能力与他的生长发育和认知能力有很大关系。首先模仿的是妈妈的表情，还有发音。2～4个月模仿发单音，他会对着妈妈发出“喔喔”的声音，如果妈妈给予回应，他会更积极地跟妈妈说。从简单到复杂，在语言方面，宝宝会逐渐地模仿大人的短语、句子。同时，宝宝也在模仿妈妈的各种表情、动作。

模仿是人类学习的重要方式。对孩子来讲，模仿有利于智力发育。在模仿的过程中，宝宝需要调动起神经系统以及相关中枢来指挥自己的行为。心理学家研究发现，宝宝模仿他人时，大脑皮层里相应的神经元会很活跃，不仅在做动作如用手抓玩具摇鼓时活跃，而且在观察别人如何拿起摇鼓时也变得活跃。在这个过程中，神经细胞之间的连接增加，大脑皮层增厚。

模仿不仅有利于宝宝大脑的运动中枢、感觉中枢的发育，同时还有利于大脑的植物神经系统、边缘结构的发育，让宝宝具体理解他人的情绪情感的能力，懂得善解人意。

宝宝的一些基本的生活技能，也是通过模仿习得的。饭前便后洗手，睡前脱衣，起床时穿衣、扣扣子，戴帽子，吃完食物后擦嘴等生活的基本技能，妈妈耐心教孩子怎么做的基础上自己也保持良好的习惯，孩子学得更快。

☆ 教宝宝通过模仿来学习

当宝宝处于模仿敏感期的时候，他的模仿能力特别强，这个时候，给宝宝创造一个优质的生活环境，宝宝可学习的内容很多，成长得就快。

1. 迎合宝宝的模仿需要

当两三个月的宝宝对你咿咿呀呀的时候，你要面对着宝宝口齿清楚地对他说，让他看到你的口型，听着你的声音，他会开心地咧嘴笑。等宝宝2岁大的时候，你再这么对宝宝说，宝宝就不感冒了，因为他们要听整个的句子、整段的话、有故事情节的内容。根据宝宝的年龄来确定说什么最利于宝宝成长。这样，宝宝才能学得好。为什么呢？因为不同年龄的宝宝模仿能力不同。

4个月以前，宝宝模仿大人说话，只能喔、咦地说单音。4～6个月的时候，他的协调能力渐渐增强，他会学会像大人一样摆弄物件。1岁以内，孩子对语言有着极强的兴趣。他会专注地听大人说话，模仿大人的语言。2岁以后，宝宝活动范围扩大了，逐渐进入全面模仿期，比如洗脸、梳头、推车、做家务等。

为了满足宝宝的模仿欲望，对于3个月以内的宝宝，我们可以同他玩吐舌头、说单个字、围着小嘴画圈圈的游戏；再大点的宝宝，可以一起玩打快板、敲敲鼓、逗逗笑、做表情的游戏；宝宝会爬后，就玩一些爬行游戏和躲猫猫游戏；会走以后，就教宝宝认识身体部位；再大一些，到了2岁以后，可以玩过家家的游戏。

有的时候，宝宝模仿大人做事，会把事情做砸。比如，从盒里或者袋里往杯子里倒牛奶；给妈妈盛饭会把锅弄翻；出去倒垃圾在楼道里就弄洒了……遇到这种情况，我们一定不要呵斥、埋怨宝宝，那样会打击宝宝模仿的积极性，而是要告诉宝宝："你还小，还没有掌握做这些事情的窍门，多做几次熟练了就好了！"这样宝宝才不会气馁，才有信心坚持去做。

2. 界定好模仿禁区

宝宝毕竟还小，分不清哪些行为可以学、哪些行为不可以学，控制能力也有限。他的一些模仿可能会超出自己的能力，因此父母要警惕孩子的安全问题。这个时候，就需要家长做好安保工作。一定要把药品、清洁用品以及剪刀等危险品放在宝宝够不到的地方。反复告诉宝宝，你还小，开火、开微波炉、用打火机、插电源等这些事情不可以做。

3. 用模仿来解决教养难题

有的时候，我们让宝宝干什么宝宝可能听不懂或者不愿意配合，妈妈给宝宝做动作让宝宝来学，可能效果好一些。

比如，到了吃饭喝奶时间，宝宝厌食不愿意喝，这个时候，妈妈可以张开嘴巴，对宝宝说，乖宝宝学妈妈张大嘴巴，然后就开始喝奶。

再如，1岁以后的宝宝，就要学着自己穿衣服了。他可能没有掌握住动作要领，这个时候就要号召宝宝跟妈妈学，妈妈穿一下宝宝穿一下。

4. 父母要做孩子的好榜样

孩子先模仿的是父母的语言和行为，不知不觉中就学会了。模仿内容不仅有有形的、眼下就能够表现的，比如表情、动作、生活方式等，还有无形的，比如父母的意志品质、包容品质等。一名好的家长总是在不断地提升自身素质，力图成为孩子的好榜样。

孩子模仿的内容随着认知能力的提升不断发展，从模仿面部表情和发音到身体运动与话语、行为……孩子非常希望自己能够像他所喜欢的人一样，只要宝宝见到的活动，他都会印在脑子里，然后付诸实践。从对父母及身边亲人的模仿逐步过渡到模仿见过的陌生人，当他把自己和其他人比较的时候，任何事情都会成为他可以模仿的目标。

Chapter 07
正在发展的注意、记忆、想象、思维能力

3岁前，宝宝注意力、记忆力、想象力、思维能力处于启蒙和初步发展时期，需要父母保护和支持，这样，宝宝才能有个较高的智力水平。

3岁前，宝宝的思维水平

宝宝问妈妈："古代类人猿长什么样？"妈妈说："像人又像猿。"宝宝问："哪里像人？哪里像猿？"妈妈说："独立行走像人，身上长毛像猿。"宝宝眨眨眼，想象不出来！妈妈找来图片，有人像、类人猿图片、猿的照片，让宝宝比较后区分，一下子就找出来了。

认识宝宝的思维水平

1岁以前宝宝没有真正意义上的思维，主要是感知觉。1岁以后，语言的发展使得儿童有了概括的能力。1～3岁主要为直觉动作思维——靠动作产生思维。宝宝越是好动，思维力发展得越好。

请一个2岁左右的小朋友想一想："怎样才能把放在桌子中央的玩具拿下来？"听到任务，儿童没有任何"想"的表现，而是马上去"拿"。他伸长胳臂去拿，拿不到；围着桌子转，踮起脚尖，再伸手，还是拿不到；偶尔扯动桌布，桌子上的玩具移动了一点，儿童马上用力一拉，玩具就到了手边。儿童最早的思维就是这样依靠动作进行的。

直觉行动思维实际是“手和眼的思维”。思维既离不开对具体事物的直接感知，也离不开自身的实际动作。离开感知的客体，脱离实际的行动，思维就会随之中止或者转移。

☆锻炼宝宝的思维力

3岁前宝宝的思维形式是直觉行动思维，是“手和眼的思维”，思维活动是以周围的实物和具体的活动为基础。创造一个有利于动手动脑的环境，有利于宝宝思维。

1. 亲身体验

所谓“百闻不如一见”，与其用语言来说明，也比不上让孩子观察实物来得容易理解。让孩子看熊猫的图片，孩子一副不可思议的样子，说道：“熊猫的耳朵、眼睛和脚，都是黑色的。”

“是呀！熊猫的爸爸、妈妈也是一样的，它们的眼睛、耳朵和脚也都是黑色的，所以生出来的小孩也一样。”

“小孩长得像爸爸妈妈吗？”

“是呀！你不就长得像爸爸吗？”

带宝宝去动物园，让他实际观察一下大熊猫。这时，孩子一定会说：“真的，熊猫的耳朵、眼睛和脚都是黑色的！”

让孩子经常看到实物，就会不断地引发孩子与实物有关的问题来。

2. 分类别

每个小朋友家里都有积木，让宝宝按颜色、形状、大小、用途分类，提高宝宝归纳、概括的能力。

在一个小盆子里，放上菠萝、梨子、桃子、苹果等塑料水果，还有杯子、盘子、勺子等餐具，混淆一起，让宝宝分类。宝宝会分了，就再放更多更复杂的物品，增加分类难度。

3. 问问题

引导宝宝对一个问题做多种回答，锻炼他的发散性思维。比如："手帕有什么用？""你用手帕做过什么？""水可以用来做什么？""你都喝过什么水？""水和饮料有什么区别？"如果宝宝回答不出来，就让他去实践一下吧。

3岁前的宝宝，能记住什么

有位妈妈说，她儿子5个月了，特别喜欢笑，家里来了客人要抱抱也会伸出小胳膊。可是，每次只要见到那位叔叔都会哇哇大哭。那位叔叔长相并不严肃啊，更不凶啊。妈妈想不明白。后来，那位叔叔说："3个月的时候，第一次见面，我曾经冲着宝宝扮鬼脸，可能样子很恐怖吓到宝宝了吧！"妈妈很疑惑，难道小宝宝记住了这件事？为什么我们记不住3岁前的事情呢？不是说小宝宝没有记忆力吗？

3岁前宝宝的记忆力有四大特点

3岁前的宝宝有没有记忆力，与成年后回忆不起3岁前的事情不一样。

3岁前的宝宝已经有了记忆力，不信你就凶小宝宝一次，他不但当时会哭泣，再次见到你还会哭。宝宝吃过一次橘子，几天后，在另一地方的地上看到橘子皮，就能认出橘子来。

3岁左右，宝宝的记忆不仅可以保持几周，还能重现记忆中的某些内容。如：几天前你教他画过苹果、搭过积木等，今天宝宝还能画出来或搭得很好。

至于人们不记得3岁前的事情，心理学家把这归结为幼年遗忘。虽然关于导致幼年遗忘的原因，学界有多种解释。但是，有一点已经达成了共识，就是3岁前的记忆并没有全部被遗忘，有一部分储存在了大脑里。最有力的例子就是，我们在3岁前学会的语言并不需要在3岁以后再学习一次。同时，研究也证明，这些记忆也可能在特殊条件下重现，如刺激大脑皮层特定区域的时候或催眠状态下。

记忆是一种比较复杂的心理过程，它是过往经验在大脑中的反映。3岁前宝宝记忆的发展与其言语、思维发展密切相关。言语和思维能力的提高使得宝宝能够对他看到的影像和声音进行抽象概括，从而使记忆的内容更加深刻，记忆的范围也更广。记忆能力，也是宝宝言语和思维能力发展的前提。记忆是宝宝认知过程中一个非常重要的环节，会影响到后期高级思维能力如理解力、想象力、创造力的发展。

儿童思维发展的趋势是由直观行动思维发展到具体形象思维，最后发展到抽象逻辑思维。

3岁前宝宝记忆可分为四种类型：

1. 动作记忆

动作记忆就是记住了某个动作或者某次运动过程，动作发出者可能是自己也可能是别人。动作记忆出现得最早，约在婴儿出生后的前两周内，宝宝年龄越小，动作记忆越占主导。

2. 情绪记忆

情绪记忆就是宝宝对于自己体验过的情绪和情感的记忆，情绪记忆很持久。如果某个人给宝宝带来了快乐，下次见到这个人，宝宝还会对着他笑，因为宝宝还记得当初的快乐体验。相反，如果某件事、某个物品、某个人让宝宝恐惧，这种负面情绪也会保持很久。快乐更利于宝宝成长，所以，我们一定要照顾到宝宝的情绪感受，不强迫、不忽略，否则，孩子的心中可能会留下阴影，让宝宝产生抵触心理。

3. 形象记忆

宝宝形象记忆处于初级阶段，一般指的是根据具体形象来记住各种物品。举个简单例子，宝宝想吃奶了，就会看奶瓶。这样的记忆最早出现于6个月以后，在3岁前所占比重最大。

4. 语词记忆

一般情况下，宝宝1岁以后，进入“单词句阶段”，这之前说的是“婴语”。所以，语词记忆发展最晚，会随着语言能力的不断提升而成熟。

宝宝会注意听别人嘴里的词语，能记住大部分自己常用物品的名称。如果妈妈说出宝宝熟悉的物品的名称，宝宝会用手指或者把物品找来。

有意记忆的能力开始增强，可以记住大人的简单指令，并付诸行动，还可以记住一些歌谣、故事等。

★ 根据记忆特点，锻炼宝宝的记忆力

宝宝记忆的内容越多，思维品质越高。思维是高级的认识活动，是智力活动的核心。根据宝宝的记忆特点，让宝宝记忆更多的内容，宝宝的思维活动更活跃，智力发育就更好。

1. 根据宝宝的记忆特点进行练习

无意记忆，相对有意记忆而言，指事先没有预定目的、没有经过特殊安排的识记过程。3岁前宝宝的记忆形式以无意识记忆为主，具有运动性、形象性、情绪性，妈妈在引导宝宝的认知活动时，所选择的素材最好具有直观、具体、形象的特点。比如，颜色鲜艳、会唱歌、会爬行的玩具，结合情境教宝宝。

无意识记忆是宝宝积极探索活动的自然产物。宝宝在进行观察、

操作、感觉活动、思维活动时，无意记忆会自然地发生。无意记忆的范围与广度都与他的探索活动和探索内容有很大的关系。所以，我们要尽可能地给宝宝创设更广阔、更丰富多彩的空间。

2. 不要在意宝宝是否记得住

宝宝的眼睛犹如探照灯，会把看到的感兴趣的、新奇的、触动心灵的内容摄入脑海里，这些都是无意记忆。所以，宝宝越是年龄小，越会依靠无意记忆获得信息。这种无意识记忆，占了他全部记忆的优势地位。

0～3岁，无意记忆的效果要优于有意记忆，所以随意性很大。当我们给宝宝念儿歌宝宝记不住的时候，你不要觉得自己白白地读了。宝宝一定会记住一些内容，只不过眼下表达不出来。

3. 多观察，多注意

带宝宝接触丰富多彩的世界，能满足宝宝的观察欲。宝宝观察到的东西多，才能记住得多！平时，多带宝宝走出家门，去超市、去公园、去展览馆，变换环境，多接触人，宝宝摄入大脑里的画面就丰富。

在家里，可以和孩子玩一些活动，锻炼注意力。比如，手指操。老大有力气（伸出大拇指），老二有主意（伸出食指，指一指太阳穴），老三个子高（伸出中指向上指），老四有志气（伸出无名指），老五最最小，是个小弟弟（伸出小手指）。

再如，指认物品。“宝宝，下雨了，出门要带什么？”“咱家的雨伞在哪里？”“昨天你玩的球球在哪里呢？”

发展宝宝的记忆力并非是让他死记硬背，而是要有意识地引导宝宝去注意、去观察。

宝宝记不住颜色，很担心

那天，在小区里，一辆红色的轿车开过来，喜欢看车的乐乐又蹦又跳地说："车，车！"妈妈问："这车是什么颜色的？"乐乐说："绿色！"妈妈瞪眼，乐乐又说："红色！"妈妈摇摇头，乐乐说："黄色！"宝宝完全是在猜测。

看来，这几天又白费力气了，乐乐还是没学会认颜色。平时，妈妈让乐乐取个"红辣椒""白色的袋子"什么的也能拿对。难道乐乐是色盲吗？两岁半了，还不能区分色彩。

宝宝对颜色的认识有个过程

刚刚出生的宝宝看到的世界是黑白色，从三四个月开始，宝宝的视觉系统发育逐渐趋于成人水平，视觉能力增强，能够感受色彩了。即使很小的宝宝，不能说话，说不出色彩的名称，见到颜色鲜艳的玩具、床单、沙发罩也会高兴得手舞足蹈。鲜艳的色彩能唤起宝宝的快乐情绪，振奋精神，宝宝玩起来会更有劲头。

色彩帮助宝宝区分不同的物品，使得他能够顺利拿起这个东西，放下那个东西，区分开哪个是他喜欢的物品。

如果我们能够适时地告诉宝宝手上拿的苹果是红色的，屋顶漂浮着的气球也是红色的，爸爸穿的衣服是绿色的，妈妈的靴子是黑色的，慢慢地，宝宝对色彩就有了更深入的感知。

我们引导宝宝认识色彩，有利于发展宝宝的辨别力、欣赏力、美的感受力以及想象力、绘画能力，帮助宝宝养成好的观察能力和习惯。

在教宝宝认识颜色时，有的妈妈教了几遍就要考考宝宝，遇到某种颜色的物品就问宝宝是什么颜色的。很多宝宝答不上来。这没什么，毕竟认识颜色不像认识奶瓶一样简单。红色、白色、绿色这样的抽象概念和奶瓶这样的具象概念记忆难度不一样，就像我们理解原子和鸡蛋一样。妈妈无须胡思乱想，觉得宝宝笨了或者色盲了。3岁以前，都属于认识和记忆颜色的阶段，要给宝宝时间。

妈妈教宝宝认识颜色，最好遵循科学的规律。1岁以前，能认识红黄蓝绿这几种基本颜色就不错了。

★ 按科学的认知顺序来认识颜色

宝宝出生三四个月后对色彩有了感受力，这个时候也是宝宝视觉敏感期，引导宝宝多看有利于视神经发育，而看的内容离不开五彩缤纷的物品。

1. 布置一个多彩的小屋

多为宝宝提供一些丰富的色彩，可以在宝宝的居室里贴上一些色彩柔和的画片或色彩丰富的海报，可以在宝宝的小床上经常换上一些颜色温和的床单和被套，小床的墙边可以画上七色彩虹，挂上几个纯色系的香袋、玩偶等，床的上方放置一个玩具。在宝宝的视线内还可以摆放些色彩鲜艳的彩球、塑料玩具等，充分利用色彩对宝宝进行视觉刺激，对宝宝认识颜色有很大的帮助。

2. 指认有色彩的物品

宝宝如能盯着某种颜色或转动头部看到别的颜色时，成人可以指着这些玩具对宝宝说："这是红气球！""这是白色的小马！"这样，宝宝对色彩就有了一定的隐性记忆。

当宝宝1岁左右的时候，这种活动就要多做一些。宝宝玩红皮球的时候，就对宝宝说："红色的皮球！"吃红苹果的时候，就对宝宝说："大红苹果！"几次后，可以问宝宝："这个皮球是什么颜色的？""你手里这个苹果是什么颜色的？"妈妈也可以拿着一块红色积木，让宝宝从积木桶里找出相同颜色的积木。

3. 允许宝宝涂鸦

涂鸦，对宝宝来讲是一件很开心的事情。和宝宝一起涂鸦，顺便告诉宝宝色彩，别管宝宝画成什么样，只要宝宝认真画，也听你说"红花""绿树""绿色的草坪""蓝天""黄香蕉"……就对宝宝认识颜色有好处。

4. 简化颜色难度

妈妈在教宝宝认颜色的时候，不要拿出几个不同颜色玩具，一连串说出几个。"这个是红色，这个是蓝色，那个是绿色。"宝宝不能一下记住这么多知识点，还会造成概念混淆、记忆模糊。我们要结合一定的实物，对宝宝说："这个苹果是红色的，这个香蕉不是红色的！"通过"是"和"不是"一起来强调一个知识点——红色，而且不要贪多再涉及其他颜色，等孩子不管看见什么东西都能一眼分辨出"红色"时，我们再用这种方法来教孩子认另一种颜色。

喜人的想象：小宝宝会“骗人”了（一）

“睡觉啦！”妈妈对佳佳说，“宝宝乖，快点睡觉，月亮姐姐给宝宝做伴，哄宝宝快点睡！”佳佳说：“我哄宝宝睡觉呢！她太调皮，说没玩够！”妈妈笑了：“我怎么没听到宝宝这么说？”佳佳说：“她刚才小声跟我说的，悄悄话！我们是朋友，才能听到！”“嗬！小不点，学会骗妈妈了！”骗字一出口，妈妈犯难了！怎么办呢？小宝宝会撒谎了！

两三岁，想象力的启蒙期

2岁左右的宝宝，经常会这么说话：“小熊熊，睡觉吧，妈妈给你唱歌！”“坏妈妈，打宝宝屁股！”趴在床上，会推着小汽车喊：“呜呜，翻了！翻了！掉河里了！”有时拿着一根铅笔，给布娃娃打针，嘴里说：“别哭，好宝宝，勇敢，打针不疼！”

家有小宝，类似的话语一定没少听到。这个年龄段的宝宝常常把日常生活中所经历、所见到的某些简单行为，悄无声息地反映到游戏中去。如模仿妈妈给布娃娃喂饭，把小椅子想象成汽车，自己假装成司机开车，模仿医生给病人打针等，这些都是宝宝想象的结果。

想象是对头脑中的表象进行加工、改造，形成新形象的过程，是一种高级的认识活动。爱因斯坦说过："想象力比知识更重要，因为知识是有限的，而想象力概括着世界上的一切并推动着进步。"培养宝宝的想象力关系创造性的发展，影响学习新知识。

2岁宝宝想象的表现比较简单，只是把他在生活中所见到的、感知过的形象再创造出来，内容还很贫乏，新形象比较简单，一般都跟宝宝的吃喝拉撒内容有关。

这个时期宝宝的想象目的性不强，只是在玩耍时被当前情景触动，联想到生活中看到的或者做过的某些情景，就模仿着做了起来。你问他正在做什么，他能回答出来，问他为什么这么做，他却找不到理由，如果你给他提个醒，他就能点点头。

举个例子，当宝宝进了厨房，看到勺子，顺手拿起来，就会想到做饭。然后找盆子，接水，鼓捣开了。你问他做什么，他会说在煮粥，尽管盆里没有米、没有点火，他也会说要吃饭了。

2岁是宝宝想象力的萌芽期，丰富宝宝的生活，引导宝宝去想象，可以大大发展宝宝的想象力，促进智力发育。

★发展宝宝的想象力

2岁宝宝的思维是直观行动思维，想象更多依赖于感知形象，特别是视觉形象。在游戏中，可玩或可操作的材料越多，宝宝动手的机会越多，视野越开阔，大脑里越有充分的表象，想象的世界越广阔。

1. 扩大宝宝的视界

宝宝生活在什么样的环境中，就有什么样的感知。感知越丰富，大脑里表象越多，想象的空间越多。扩大宝宝的世界，多带宝宝出去走走，可以提升宝宝的认知。

2. 多跟宝宝说说话

妈妈跟宝宝说话，宝宝给予回应，能促进宝宝大脑思考，从而引发想象。跟宝宝可说的内容很多，如果宝宝正在吃饭，可以说吃的什么，用什么做的，谁做的。妈妈提示性话语能在一定程度上促进宝宝思考，引发宝宝的想象。

如果宝宝正在玩玩具，可以和宝宝一起玩，跟宝宝说说玩具是什么颜色。当然，宝宝一个人玩得特别专注时，不要打扰宝宝。

在宝宝的世界里，一切物品都有生命，当他和布娃娃、小拨浪鼓、小汽车、小桌子说话的时候，不要纠正宝宝。可以回应几句："宝宝和小拨浪鼓是朋友，用脚踩小拨浪鼓它会疼！"

如果能够和几位同龄宝妈一起聊天，妈妈们向宝宝提问，也能促进宝宝思考。还可以给宝宝讲故事，一边讲一边向宝宝问问题，可以引发宝宝想象。

3. 支持宝宝异想天开

不管宝宝做什么、说什么，像什么制造一架会飞行的汽车，去海洋里捉海豚，制造出蜂蜜一样味道的雪糕，只要无关道德、健康、安全，都不要大惊小怪，更不要较真。那是宝宝在发挥宝贵的想象力。想象越大胆，思维越广阔，创造力越强。

妈妈鼓励几句，赞赏一下，会让宝宝觉得这么想很好，会更大胆。

喜人的想象：小宝宝会“骗人”了（二）

在论坛里，有位妈妈说，她儿子2岁半，最近频繁骗人，都要成为说谎大户了。

妈妈在卧室里看书，儿子在玩小汽车，妈妈让儿子去厨房拿根香蕉，儿子有点不愿意，但还是去了。结果，儿子在厨房门口转悠了一下就回来，说香蕉吃完了。

儿子想喝水，妈妈说，自己去拿吧。后来，妈妈看到冰箱门没关好，警告他以后注意，他却说：“又不是我弄的，每次我都关好了！这次是爸爸没关好！”事实上，爸爸根本没开过冰箱啊。

这么小的宝贝，竟然学会骗人了！

小宝宝“骗人”的理由

当小宝宝骗人的时候，父母容易想到这么小的孩子怎么就学会骗人了，长大以后怎么好?

于是，分秒必争地说服教育，给宝宝讲《狼来了》的故事。有的妈妈脾气急，伸手就是一巴掌，打得宝宝哇哇大哭!

但是，宝宝有时并不是有意撒谎。宝宝早期的想象似乎常常还与知觉的过程相纠缠，各种表象随意组合，没有不可能，只有更加怪诞。他往往只是用想象来补充他所感知的事物。对宝宝来讲，这个世界不存在不可能、不现实、实现不了的事情，当想象和现实混淆起来后，宝宝的言谈中常常有虚构的成分，对事物的某些特征和情节往往加以夸大。从这个角度来讲，宝宝的撒谎属于“想象型谎言”。

当“想象型谎言”有可能误导别人的时候，父母可以纠正一下，说：“宝宝的想象力真丰富！小宝宝，可能把想象和现实混淆了吧！真可爱！”

但是，也不排除有的时候为了逃避惩罚故意撒谎欺骗父母。

有一次，平平在家里玩电脑，手里拿着饮料，移动鼠标的时候，不小心碰到了，洒在了键盘上。本来就是偷着玩的，还弄得到处是水，为了逃避惩罚，平平关了电脑，去自己房间玩了。

晚上，妈妈发现了用吹风机弄干后，问平平是不是他弄的？平平说：“没有，我没动电脑！”妈妈说：“键盘我已经弄干了。不过，我可不喜欢我的儿子撒谎啊！”

平平问：“如果是我弄的，您也不惩罚我是吗？”妈妈点点头。平平承认了错误。

遇到这种情况，父母最好给宝宝一颗定心丸，告诉宝宝，淘气弄坏东西父母当然不高兴，但是撒谎欺骗父母，就麻烦了，就会失去父母的信任，父母会非常生气。这样，宝宝就不会故意欺骗妈妈了。

☆ 一边培养诚实，一边保护宝宝的想象力

宝宝要分清现实和想象可能需要一段时间，在这期间，父母要一边培养宝宝诚实的美德，一边保护宝宝的想象力。

1. 没有伤害的想象，无须担忧

如果宝宝把想象的情景当真，没有有意识地掩盖错误，避免惩

罚，就不要担忧。还可以和宝宝一起展开想象的翅膀，让思维自由飞翔。

2. 父母要懂得谎言的厉害

诚实是一个人为人处世的根本，是长大成才的根基。如果为了某种目的撒谎，一个谎言就需要更多的谎言来支撑，人生将永远失去真诚的阳光。

3. 不要欺骗宝宝

父母撒谎，孩子自然也就在潜移默化中学会了撒谎。所以，要培养一个诚实的孩子，就要求父母从自身做起，不欺骗孩子。如果父母经常撒谎，孩子必然在潜移默化中学会撒谎。

4. 宝宝骗人了，要指出其错误

当宝宝为达到某种目的而撒谎时，即便是小事情，父母都不能掉以轻心，放任不管。要耐心纠正，并告诉宝宝："要做个诚实的宝宝，宝宝骗人，父母会很难过！"

宝宝为何玩一会儿就腻了

有位妈妈说："我儿子快2岁了，很少能够自己玩较长的时间，即使最喜欢的玩具车，也是玩一会儿就够了，要换别的玩具，或者站起来到处去捣乱。为什么我家宝宝还是难以集中注意力？"

了解宝宝的注意力特点

什么是注意？心理学上有这样一个概述：注意是选择者，帮助我们筛选对我们有意义的信息，淘汰无关的内容。注意是放大镜，被选择的信息成为它的焦点，并得到进一步的加工和储存。越是被密切关注的事情，越能被准确地储存进我们的大脑，成为能够被提取的信息。

注意是人的感觉（视觉、听觉、味觉等）和知觉（意识、思维等）同时对一定对象的选择指向和集中（对其他因素的排除），包括主动注意（随意注意）和被动注意（不随意注意）。

婴儿注意最早表现是先天的定向反射（将头转向声源），这实际是不随意注意的初级形态。婴儿注意的发展是从不随意注意发展到随意注意，从受客体刺激物的外部特征所制约发展到受主体内在心理活动的控制。

婴儿注意的发展趋势主要表现于注意内容的选择性和注意时间的长短。

1. 年龄越小，注意力集中的时间越短

宝宝注意力的发展遵循以下的规律：年龄越小，注意力集中的时间越短。一般2岁的宝宝，平均注意力集中的时间长度大约为7分钟，3岁为9分钟。越小的孩子注意力集中时间越短，新生儿5～10秒，3个月宝宝1～2分钟，6个月的宝宝2～3分钟，1岁半的宝宝5～8分钟。

2. 受刺激物外部特征的制约

宝宝一出生就有注意了，如在安静觉醒的时候，看东西的时候有光线的话都会转头看光源的，而且宝宝在这个阶段喜欢看对比鲜明、线条清晰的东西。

了解这个特点，才能更好地训练孩子的注意力。这个阶段可以用黑白或者黑白红的图片，在距离孩子眼睛20厘米的地方让孩子看。

另外还可以在孩子床上绑上一些不易破碎的镜子，让孩子看到自己的影像。

3. 受知识经验的支配

当宝宝逐渐熟悉了生活的环境，他会对一些东西产生兴趣，这些东西可能在墙上，也可能在窗户上，还可能是阳台晾晒的衣服。宝宝伸出小手去够，妈妈可以满足他的需要，抱着宝宝去触摸他感兴趣的东西。

不要小瞧够物动作，这特别有利于宝宝成长。够物是随意注意支配下的动作，手主动张开握紧，眼睛观察，拿在嘴里尝尝，用头碰碰，身体各部分有了结合，能促进协调能力。

4. 注意受言语的调节和支配

不管哪里有了声音，电视的、电话铃声、家人说话声音等，宝宝

听到了，就会扭头找，这个时候，我们可以告诉宝宝声音是哪里发出来的。

为了锻炼宝宝的视觉、听觉，宝宝五六个月以后，妈妈可以和宝宝一起读书，妈妈给宝宝讲书，但是时间不要太久，以宝宝无法集中注意力为止。

当宝宝能爬、会走以后，他的自主意识获得了进一步提升，当有色彩鲜艳和新奇的物品吸引了他的注意力后，他就会去摸、去拿、去鼓捣。这种情况下，父母要尽量满足宝宝的好奇心。实在有必要提醒宝宝别弄坏了，就温柔地对宝宝说："宝宝，来和妈妈一起摆碗筷！""宝宝，和妈妈一起包饺子！""把那个小垫子递给妈妈！"以另外的事情吸引宝宝的注意力是转移注意力的好方法。

☆ 训练宝宝的注意力

注意力是重要的智力因素，注意力品质决定了认知活动的水平。要发展智力，就要锻炼宝宝的注意力。

1. 训练宝宝注意力要根据宝宝的心智发展

两三个月的宝宝已经辨别声音的来源，可以摇铃或者轻轻呼唤宝宝的名字来吸引其注意力。

三四个月以后，宝宝的目光会很灵活了，这个时候，可以拿色彩鲜艳的物品吸引宝宝的注意力。

等宝宝会爬了，就可以拿着玩具、食物等，放到较远一点的地方，呼唤宝宝来拿。

如果宝宝注意到什么新奇玩意儿，想摸、想够，妈妈不要嫌烦，就满足宝宝的好奇心吧。

2. 不要奢望宝宝自己玩很久

对于3岁以前的宝宝，不能过分苛求他保持很长时间的注意力，而应以平和的心态，科学地、循序渐进地培养宝宝的注意力，不要过于急躁。

3. 导致宝宝注意力不集中的原因很多

宝宝集中注意力的能力会随着年龄的增长不断增强，不是这样的话，妈妈就要留意了。导致宝宝不能集中注意力的原因很多，最为常见的有以下几种。

安全感不足的孩子，当父母离开后或者不在身边难以集中注意力。

当宝宝处于饥饿的状态下或者身体不舒服的时候，难以集中注意力。

生活环境嘈杂，孩子不容易集中注意力。

父母脾气不好，动不动就呵斥孩子，在这样家庭里长大的宝宝即使玩耍也难以集中注意力。

问不完的问题

有个宝宝看了《人猿泰山》的电影，问妈妈："泰山有妈妈吗？"妈妈说："当然有！"宝宝问："他的妈妈不爱他吗？是亲生的吗？"妈妈说："当然！""那么，泰山是怎么从妈妈肚子里生出来的呢？"妈妈说："和宝宝一样。妈妈身上有个口子，口子开了，宝宝就出来和妈妈见面了！"

听妈妈这么说，宝宝好像还不满意。但是，他去玩自己的了，妈妈终于可以解脱了。不过，妈妈的大脑并没有放下宝宝的问题，她在想，怎么回答最好呢？

问问题，是宝宝在获取知识

宝宝的视角与大人不一样，这个大人已经看惯了的、丝毫不新奇、甚至在有的人眼里还有点厌倦的世界，在宝宝眼里很神秘、新奇，为了搞明白他会不停问问题。

小宝宝的成长是一个认识世界的过程，也是大脑发育的过程，好奇心强，有很强的直觉能力，对环境、新事物敏感，尤其是来到一个新环境后，敏锐的观察力会使他发现很多成人注意不到的细节。

宝宝通过各种感官感知周围世界，听、看、触、摸、尝、闻等，认识范围越大，心中的疑问越多，搞不明白，他就要问。妈妈耐心回答宝宝的问题，是宝宝成长的需要。

1.满足了宝宝的好奇心

这个年龄段宝宝的智力处于萌芽期，一双眼睛不停地观察，小脑袋瓜里藏满了问题，渴望获得回答。妈妈适当地予以应对，能够满足宝宝的好奇心和学习愿望，促使他的大脑更好地髓鞘化。漠视、回避孩子所提出的问题，不利于宝宝智力发育。

2.锻炼了语言表达能力

3岁是宝宝语言发展的关键期，特别是口语发展的关键期，这个年龄段的宝宝是个“小话痨”，围着妈妈唠叨个不停。“这只虫子有妈妈吗？”“下雪了，为什么没打雷呢？”“人为什么要吃饭呢？我为什么只长了一张嘴呢？”如果我们能够耐心地和孩子沟通，不但保护、满足了宝宝的好奇心，也能促使他更准确地表达想法。

☆如何对待孩子问问题

既然宝宝问问题是成长的正常表现，是成长的需要，家长就必须要很好地回答出来，才能促进宝宝成长。

1.不要嘲笑孩子的问题

3岁前宝宝的所思所想有很大的局限性，问出来的问题显得很幼稚，妈妈听了，不要嘲笑，要真诚地解答。否则，宝宝自尊心受到打击后，就不敢发问了，影响思维力。

耐心听，尽力回答，孩子会觉得妈妈很重视他的提问，以后就更愿意向妈妈问问题了！

2.可能是为了引起注意

如果宝宝本来就了解的事，却一问再问，这表示宝宝想要引起父母的注意。尤其是在弟弟妹妹出生以后或家中有其他小朋友时，他会经常想要引起父母的注意。换言之，宝宝发问的目的，不在于得到答案，而是为了要引起家长的回应。

3. 马上回答孩子所发问的问题

小孩子注意力保持时间不长，一般几分钟，最长也就十几分钟。如果妈妈不及时回答，孩子可能把问题忘了或者自己解决了。放下正在做的事情，弄清楚孩子发问的真正意思，用孩子能听懂的语言来回答。

3岁前，急着教宝宝识字好不好

网上有一段流传很广的关于小宝宝背诵乘法口诀的视频，小姑娘满眼泪水，努力背着："一五得五、二五一十……"翻来覆去，最后还是背错了。

我还见过一个小男生认字，大和太分不清！妈妈告诉了一遍又一遍，写出来再认的时候，还是说不对。妈妈又开始一遍一遍地教，宝宝明显不耐烦了，两眼不时偷瞄沙发上的长颈鹿。

识字、学知识不等于开发智力

之所以有那么多家长在3岁前就教宝宝算术、识字、背唐诗什么的，就是想开发宝宝的智力。那么，这些方法能开发宝宝智力吗?

天津市儿童医院体检中心脑象图室对本市和外地60名3～4岁儿童进行的早教效果抽样调查发现，接受过强化早教的孩子并没有想象中那么完美，不仅创造力和学习能力没有加强反而减弱。

大脑在3岁以前的记忆只是机械记忆，家长常常以自己的孩子这么小就能背诗词、会数数为骄傲，其实孩子这时并不理解一个词一个数代表的真实含义，只是一种短期机械记忆，如果不定期重复，就会很快遗忘，而且这种做法并不能增强记忆力，也就是说孩子记住的东西并不比同龄人多。等到上学后，这些所谓的优势就会遗失，他会重新与同龄人站在同一起跑线上，以前记的东西都白学了。

早期教育应该更偏重亲子教育，开发孩子的注意力、记忆力以及观察能力，而不是单纯让孩子背书、数数。家长们要注意观察，比如说到动物园去玩，孩子看了猴子和猩猩，要让他知道猴子和猩猩有什么不同，耐心地给他讲两种动物的形状、运动方式、吃的东西和玩耍的方式。

但是，当下的一些家长，还是觉得宝宝学一些知识更重要，早认一些字，能算几道题，多数几个数字。这样，上学了就能省劲。

成长是个连续的过程，每个阶段都有成长任务。0～3岁是宝宝智力发展的黄金期，也是自主性培养的关键期。做好这些，上学了才能具备学习能力。

★开发智力要讲究方法

0～3岁是宝宝大脑发育最重要的时期，最初的身体素质、智力发展、个性品质的形成都从这时开始。在这个阶段，既要发展智力包括感知、语言、认知的训练，也要注重培养生活习惯、自理能力、性格、品德。

1. 尊重宝宝身心发展规律

0～3岁是宝宝快速汲取学习经验的黄金时期，妈妈不仅要重视宝宝的“养”，更不能忽视“教”。

最终目的就是根据宝宝的身心发展规律，和宝宝多沟通，让宝宝多活动，多动手用脑。游戏和快乐才是宝宝早教的主要构成。

2. 抓住观察力培养的黄金时期

有研究证明：一个人在观察事物时，如果光用眼睛看，只能接受到20%左右的信息；如果光用耳朵听，则只能得到15%；如果眼耳并用的话，对信息的接受率就高达50%左右。由此可以判断，宝宝观察事物时，动用的感官越多，接收到的信息量越大，认识越全面。

3岁前，是培养宝宝观察力的黄金时间。我们要支持宝宝学习全身心地去探索，通过调动五官，主动地去看、打量和接触世界，为下一步的探索活动做准备。

从宝宝出生起，就支持宝宝到处看、摸、扔、爬，给宝宝营造一个新奇、丰富、多彩、动听的世界。

3. 思维活动

3岁前宝宝的思维活动，在成人看来很“小儿科”。确实这样！分析、综合、比较、抽象、概括这些思维过程，他只会简单地使用，只能完成简单的加工整合信息能力，解决简单的问题。

但是，这个阶段是宝宝大脑发育的关键期，受身心发展的驱动，宝宝会积极思维。宝宝在分辨、理解、选择的思维过程中，发展了思维力。

4. 多游戏、多活动

研究显示，3岁前运动不足的宝宝，会患“早期运动不足症”，早期运动不足还可能造成以后孩子胆小、内向、敏感、焦虑、坐无坐相、站无站相、与人交往困难等。

父母多和宝宝一起活动，爬行、走路、跳跃、追逐、躲闪，都可以锻炼宝宝的大动作能力。抓取、翻书、折纸等活动，能锻炼宝宝的手部精细动作。

Chapter 08
宝宝说话了！如何习得语言

语言是进行思维、反映思想、表达情感、记录思维成果的工具，在社交互动的背景下发展起来。语言表达能力体现了宝宝的智力发展水平。

“贵人语迟”，有道理吗

那天见到一位老人，说她外孙2岁才会说话，一张嘴就能说整句话了，当时把家里人都惊呆了！小姨逗他：“这孩子，有人骂他都不会还嘴！什么都不会说！”他反驳：“你才什么都不会说呢！”家人被惊倒！

怎么才算语迟

语言是人类通过高度结构化的声音组合，或通过书写符号、手势等构成的一种符号系统，同时又是运用这个符号系统来交流思想的一种行为，是一种社会现象。孩子最初的语言学习，首先就是习得这种声音组合。

很多宝宝七八个月就开始说话了，会叫爸爸妈妈。这个时候的词汇还比较少，比较广义。到了2岁，语言能力提升，能说两个字，甚至五六个字一起说。对词义细分得很清楚，喜欢把脑子里的表现跟更具体的概念对号。3岁，说得较多的是重话、诅咒的话，能说好多句子。

如果达不到以上标准，或者说，跟以上标准差距很大，就属于语迟。

宝宝不是一生下来就会说话，语言表达能力有一个发展过程。宝宝在胎中就对语言有了感知，能听出妈妈的声音。出生后，会顺着声音方向张望，如果是妈妈说话，他会微笑起来。到了四五个月，就开始咿咿呀呀地说话了，这是在练习发音。七八个月开始，宝宝对语言的理解能力就增强了，1周岁左右，能理解单个词。在这个基础上，宝宝逐渐地学会说话。

☆ 导致宝宝说话晚的因素

导致宝宝说话晚的常见原因有两个，一个是先天，另一个是成长环境。

1. 先天发育导致说话晚

当宝宝有语言发育迟缓和发音不清、口吃等问题出现时，可能是孩子口腔发育有问题，造成构音障碍。先天性发育异常，例如软腭或舌系带过短，影响正常发音。

当然，还有一些遗传因素，父亲或者母亲说话晚，有一部分孩子开口说话也会比较晚。这样的孩子随着年龄增长，有一部分会恢复正常，但缩小差距的好方法是提供良好的语言环境。

2. 语言环境落后

语言发育的关键期是1.5～4岁。在孩子语言发展的3～4年中，9个月～24个月是宝宝发音、模仿、理解词语含义的关键期，2～4岁是真正掌握语言、学会表达语言的发育关键期。在这个时间段，给宝宝创造一个良好的语言环境，让宝宝参与到语言互动中去，多多使用语言。

亲子之间多交流。父母和宝宝说话时，要做到放慢语速，口齿清楚，声调温和亲切，即使生气的时候也不要严厉地恐吓宝宝。同时，父母还要注意妒忌他人的酸话、坏话都不要在宝宝面前讲；多用积极鼓励性的语言，避免使用消极的、负面性的语言；多用询问、建议的语气，少用命令的语气。

小宝宝噘着小嘴开心地“喔喔喔”

有位妈妈说：“我家小宝从两三个月的时候起，就开始噘起小嘴‘喔喔喔’地跟人说话，如果我对着他的嘴说，他会喊得更来劲，高兴得两只小腿蹬来蹬去。每次我都开心地跟宝宝聊上好一会儿！你说，他是在说话吗？这样跟宝宝对话有意义吗？”

1岁前宝宝处于语言发展的“前言语时期”

宝宝的语言发展，一般会经历三个阶段，第一个阶段是前语言时期。这个阶段从出生的时候算起，到宝宝会说第一个具有真正意义的词，一般是1岁以前。这个阶段是语言获得过程中的语言核心期。

婴儿的语言学习是以实践和应用为主要内容的，他对语言的实际了解比他能说出来的更多。在婴儿6个月前，他经常在父母说话时发出咕咕声、咿呀声或者喔喔声，这个阶段的宝宝好像把说话看作一个制造声音的游戏，游戏的目标就是与正在讲话的同伴协调一致。

到七八个月的时候，婴儿在父母讲话的时候变得很安静，等到父母停止讲话时，他才会用发声作为回应。很明显，他已经懂得语用学的第一个原则：当他人讲话的时候不要插嘴，因为你很快就有机会说话了。父母对婴儿说话，然后等婴儿微笑、咳嗽、打嗝、发出咕咕声或咿呀声之后再次对婴儿说话，由此引发又一个反应。就这样，谈话的交替规则形成了。

到8～10个月的时候，婴儿开始用手势和其他非言语的方式（如面部表情）与同伴沟通。普遍使用的手势有两种：陈述性手势和祈使性手势。陈述性手势是婴儿通过指一个物体或触摸它而引起他人对该物体的注意，祈使性手势是婴儿通过指向想要的物品努力说服他人满足自己的要求。其中一些手势会变得非常有代表性，像单词一样发挥作用，例如，1～2岁的儿童可能会举起手臂表示希望他人抱，伸开双臂假装飞机，甚至大口大口地喘粗气扮演家里的狗。一旦儿童开始讲话，他常常会用手势或语调线索来补充一两个单词的意思，以确保他的信息能被理解。

★ 这个阶段言语互动重点：互动和关注

言语活动是大脑皮质各个部位共同活动的结果，言语水平体现的是宝宝的心理成熟度，言语离不开语言，随着宝宝认知的发展，他的语言学习能力也会变得更加强大。

1.6个月前，对着宝宝的面部说话

当宝宝吃饱了、睡醒了，躺在小床上发出喔喔的声音的时候，表明他有说话的欲望。这个时候，如果我们对着宝宝的脸跟宝宝说话，就是对他最好的鼓励，他会更开心、更热烈地跟我们说。

至于说什么，有的家长可能比较犯难。其实，我们要说的内容很多，可以是很随意地说一些词句、成语、一句一句的话，只要内容积极，音调抑扬顿挫，宝宝就爱听。最重要的是配合宝宝的说话节奏，让宝宝觉得我们在跟他说，就能激发宝宝说下去的欲望。

2. 6个月后，做一些体态语言

三四个月的宝宝，如果我们让他做出再见的动作，他可能一点意识都没有，这与宝宝的手臂不是很灵活以及对语言的反应水平有关。但是6个月以后，情况就有了大改变。不管我们是教宝宝“挥手再见”，或者“拍手欢迎”，还是“点头谢谢”，宝宝做几遍就能记住，然后在父母的提示下能很好地做出来。而且，他还能提炼出一些体态语言，比如，伸着胳膊表示要对方拥抱、扭头表示不去、摇头表示拒绝，等等。

如果我们告诉宝宝灯泡、冰箱、沙发、电脑等常用物品，然后问宝宝电灯在哪里、沙发在哪里，宝宝就会用手指。这样的训练，不仅能够教会宝宝认识物品，还能锻炼宝宝的发声器官，为模仿说话打下基础。当然，随着宝宝不断长大，他能够用“竖起一根手指头回答自己几岁了”“用拥抱别人表示欢迎”“用手指方向表示别人去了哪里”，我们不断地给宝宝提出一些问题，宝宝用体态语言来回答，不但促进了宝宝的言语发展，更锻炼了宝宝与人交往的积极性。

3. 多给宝宝念儿歌

如果妈妈仔细观察，6个月以后的宝宝听到有节律的儿歌，会和着节奏左右扭动、手舞足蹈！遇到这种情况，妈妈千万不要觉得这是宝宝的音乐天赋被激发了，而去开发宝宝的音乐智能。其实，这是宝宝对语言的一种本能的条件反射，这是因为儿歌较慢的语速、抑扬顿挫的音调、富有节律的词句正契合这个年龄段宝宝的心理特点。这样的音乐和语言形式触动了宝宝，多给宝宝听一些，有利于宝宝的语言发展。当然，我们不能期待宝宝听了儿歌就会说出来，宝宝要把这些内容内化成自己的语言还需要一个过程，我们要慢慢等待，总会有令人惊喜的那一刻。

4. 多对宝宝笑

笑是宝宝与人交往的基本手段之一。妈妈经常逗宝宝笑，这样既可以让宝宝感受人际交流的愉悦，也可以增进亲子关系，促进与宝宝的交流。

别跟宝宝说“饭饭”“觉觉”

妮妮1岁半多了，可说话进步很少。不到1岁时就会说“爸爸妈妈”了，现在，会说的也不多，顶多添加了“爷爷”“奶奶”“饭饭”“抱抱”等几个常用的词。宝宝词语这么匮乏，是不是先天语言表达能力差呢？会不会影响将来的思维？

有位妈妈说，女儿满嘴叠词，尤其是向父母提出什么要求的时候，更是撇着小嘴说叠词装可怜。这种情况怎么处理呢？

宝宝进入语言发展的“单词句阶段”

在1～1.5岁这个年龄段，言语的发展主要是对言语理解的发展，婴儿所能理解的语言大量增加，但是会说出的语言相对比较少。婴儿往往用一个词代表一个句子，因此这个阶段被称为单词句阶段。

婴儿在1周岁左右可能会说出第一批词语，第一批词语是建立在皮亚杰描述的感觉运动功能的基础之上的，它们通常是指重要的熟悉的人物（如爸爸、妈妈等）、会运动的客体（如球、汽车、猫等）、熟悉的行为动作（如抱抱、坐坐、再见、起来等）、熟悉的行为结果

（如烫、脏、湿、热等）。

近年来研究表明，年龄较小的婴儿最容易理解和使用多模态母婴语言引入的单词。妈妈夸张的言语加上动作，可以唤起儿童对这些单词指示物的注意。所以，婴儿是通过自己或他人的感觉运动理解了这些单词的内容。

婴儿对单词的理解在大多数情况下似乎经历了一个快速映射的过程，即在几个场合听到用语指物的某个单词后迅速习得这个单词。这一时期的婴儿能够理解的单词要远远多于他能够说出的单词，这可能是因为尽管婴儿通过快速映射理解了单词的意思，但当他要讲话的时候，却很难将已经知道的单词从记忆中提取出来。

当婴儿在使用新词时，他赋予单词的意义还常常与成人不同，经常出现外延扩大或缩小的倾向。比如，他用“毛毛”称呼所有长毛的四条腿动物，如小猫、小白兔，这是外延扩大；相反，他又会用“洋娃娃”仅指经常玩的那个洋娃娃，这是外延缩小。

★妈妈与宝宝言语互动关键点：词语

妈妈辅导宝宝说话，对于1～1.5岁的宝宝，怎么做更能帮助宝宝掌握更多的词语呢?

1. 尽可能多地展现名词、动词

据调查，我国2岁幼儿的言语中已经包括了几乎所有的词类，但名次和动词占主要地位。婴儿获得语言是有一些规律的，在言语获得早期阶段，讲汉语的中国儿童获得的动词等同于名次，两者同时出现。这就提示我们家长，在这个年龄段要多跟宝宝说词语，尤其是名词和动词。

说什么呢？怎么说呢？可以在带宝宝出去的时候，对宝宝说出所见到的物、人、景。可以描述运动着的情景，比如，汽车行驶、飞机飞行、妈妈做饭等。

2. 不要为迎合宝宝过多使用叠词

有位朋友曾经很风趣地描述过他同学的女儿，女孩已经5岁，可是说话特别嗲，让人听了很不舒服。那天，女孩妈妈穿了一件新衣服，女孩从幼儿园回来看到了说："妈妈，你的衣衣好漂漂啊！"妈妈说："哦，宝宝！谢谢！去洗手手，回头给阿姨拿水果！"吃饭的时候，妈妈说："要不要吃肉肉？起拿小勺勺，喝汤汤！"朋友说，当时就觉得这么说话有问题，后来才知道，这么说话其实严重影响了宝贝的语言发展，1岁半以前的宝宝才会过多地使用叠字，过了这个阶段，到了5岁，宝宝就该正常表达了。

这个阶段的宝宝说得较多的词语是叠词，比如，爸爸、妈妈、爷爷、奶奶、打打、狗狗、蛋蛋、拜拜、哥哥、姐姐、妹妹、娃娃等。用叠词和儿话说话是宝宝语言特定阶段的表现，是因为其语言发展限制了他准确表达自己的意思。家长不能用同样的语言与宝宝讲话，这样做就很可能拖延了孩子过渡到说完整话的阶段。

如果宝宝较多地使用叠字，妈妈也无须纠正，只需用正常的词语跟宝宝说话就好了。慢慢地，宝宝自己就改过来了。

有的家庭觉得宝宝这么说话很可爱，不但满足宝宝的需要，而且学着宝宝说。长此以往，宝宝以为这么说话受父母欢迎，而且还有好处，就学会了"发嗲""装嗲"，反而影响了宝宝的语言表达能力。

3. 不要模仿宝宝错误发音

宝宝在刚学说话的阶段，常常会有一些可笑的不准确的发音，如把"吃"说成"七"、"狮子"说成"希儿"、"苹果"说成"苹朵"，等等。之所以会这样是因为宝宝的发音器官发育不够完善，听觉的分辨能力和发音器官的调节能力都较弱，还不能完全正确掌握某些音的发音方法。总之，是表达能力受限。

如果父母也学宝宝这么说，宝宝会得到一种暗示：自己这么说很正确。这将不利于宝宝学会正确发音。所以，不管宝宝的发音多么滑稽可笑，妈妈都不要强调，而是该怎么说就怎么说，也不需要花费心思纠正，顶多向宝宝重复一遍正确的发音就够了。

4. 教宝宝念儿歌

儿歌虽则短短几行字，比较浅白，较多地用名词和动词，却浓缩着儿童化语言的精华，读起来押韵上口。我们可以教宝宝念儿歌，即使宝宝不理解其中的内容和含义，也能达到丰富宝宝的词汇、提高宝宝语言思维能力的目的。

念的时候，可以比较随意，最好让宝宝躺在妈妈身边或者坐在怀里，那样，宝宝不会有压力，也愿意读。

不管是宝宝念儿歌还是妈妈讲故事，有两点要注意：一是要不断重复，经过多次重复，宝宝的大脑就会建立起一个加工系统，使故事和儿歌变成他的内部语言。二是要选择固定的时间段，睡前应该是最合适的。这样，到了这个时间，宝宝就不做别的了，等着这个亲子阅读的节目了。

5. 下班后，和宝宝聊一聊

每天下班后，有意识地跟宝宝说一些亲密的、思念的、表扬的话，会让宝宝很感动。在这样的充满爱的氛围里，宝宝比较容易记住一些词语。

宝宝妙语连珠，满嘴潮词

我家宝宝2岁了，还不能说完整的句子，只是说单个字或者单词。前几天，我看到个1岁半的男孩，说话可流利了，竟然能够说出："我昨天看了一个特别精彩的动画片，我都感动哭了！""哇噻！秒杀我眼了！""老妈，您又OUT了！"真是很厉害啊！两个孩子年龄差不多，为什么人家的孩子语言表达能力那么强了呢？

1.5～2.5岁，宝宝进入语言发展的"多词句阶段"

1.5～2.5岁这个年龄段是宝宝积极的言语活动时期，随着词汇量的扩大，宝宝说话更主动了。有研究显示，婴儿出生后第二年上半年词汇量增加得很慢，每月只增加1～3个词，而在第二年下半年，1.5～2岁，词汇增长的速度很快，随着记忆、分类、表征能力的改善，词汇的增长出现快速期，许多宝宝每周增加10～20个新词。这个阶段，我们会发现宝宝的言语活动空前活跃，当宝宝掌握的词汇量达到200个左右时，他开始能说出不完整的双语句。

所谓双语句是指由两个单词组成的句子，如"妈妈抱抱""爸爸鞋""抽屉拉开"等。这些听起来好像我们发电报用的省略句，因此又被称为电报句。双词句一般是实词组合，以动词加名词的组合为最多，还会有形容词和名词、名词和名词。

宝宝在说电报句的同时，也开始说出结构完整但无修饰语的简单句，包括主谓句、谓宾句和主谓宾句。2岁宝宝的话语中完整句子已占一半以上。一般宝宝在2～2.5岁开始能说出为数极少的简单复合句，以后逐渐增加，但宝宝的复合句是在简单句尚不十分完善时就出现的，复合句出现后，与简单句并行发展。

宝宝早期的句子结构不完整、意思含糊不清，他继续用手势和语调线索作为单词的补充，以确保发出的信息能够被理解。

2岁宝宝已经在谈话的交替规则方面非常熟练，他知道讲话的时候要抬头看着听者，并且使用非言语线索表示自己言语的结束。2～2.5岁的宝宝知道，如果要与他人沟通，必须站得离听者近一点，或者提高声音来弥补距离。当选择交谈话题或者提出要求时，2～2.5岁的宝宝开始考虑对方知道什么，他非常喜欢谈论对方没有告诉他或者还不知道的事情。

当宝宝想拿一个够不着的玩具而需要帮助时，会提出非常具体的要求；当他知道对方不知道玩具在哪儿时，很可能会附加手势。

☆ 妈妈与宝宝言语互动的关键点：句子

如果妈妈足够留心会发现，你的小宝宝不但能说出较长的句子，而且嘴里新词不断，简直是妙语连珠，连你自己都没有说过的词语，他竟然说了出来。

1. 宝宝一边玩一边自言自语

当宝宝一边玩一边自言自语的时候，我们一定不要打扰宝宝。不管他说什么，都是在表达他自己的思维。

2. 当宝宝有需求时，让他说出来

有的宝宝一遇到困难或者有什么要求的时候，就会哼哼唧唧。遇到这种情况，我们要对宝宝说："你想做什么，说出来，妈妈听听！"宝宝说的过程就是一个很好的锻炼语言表达能力的过程。同时，也教会了宝宝一个习惯，那就是有需要的时候把自己的想法说出来。

这个阶段的宝宝非常喜欢采购，购物时，和宝宝讨论一下买什么、哪个更好吃、哪个外形更好看、哪个更便宜，能促进宝宝逻辑智能和语言能力的提高。

3. 多在宝宝面前说句子

到了这个年龄段，妈妈就不需要为了让宝宝能听懂而把要说的句子简洁化、词语通俗化，而是该怎么说怎么说。要相信宝宝，他能听懂。

比如，我们去探望生病的亲戚，以前可能会说："奶奶生病了，我们去医院探望！"现在，就可以说："我们去医院探望生病的奶奶！"

4. 看图说话

很多幼儿图书都配有图画，父母可运用这些图画，训练宝宝的语言思维能力。父母和宝宝一起翻开书，一边指着图片一边向宝宝讲解："母鸡带着鸡宝宝找小虫""小白兔在吃红萝卜"，最后再试着将这些画面连起来，让宝宝讲给父母听。开始宝宝可能讲得不完整，甚至不会讲，这很正常。父母千万不要着急，应鼓励宝宝慢慢来，大胆地讲。相信经过不断训练，宝宝会讲得越来越好。

5. 复述故事内容

每天讲故事的时候，妈妈可以根据故事内容提出一些问题让宝宝来回答。问题不要太复杂，最好能够直接用故事里现成的句子来表

达，这样，不但检验了宝宝对故事的理解水平，同时也锻炼了宝宝的说话能力。

宝宝都喜欢看动画片，而且对自己喜欢的角色印象很深刻，可以让宝宝形容给妈妈听，他喜欢的角色长什么样，是一只小鸭子还是一只大笨熊，它的嘴是什么颜色，等等。这可以培养宝宝的观察力和语言表达能力。

6. 等一等，不要代替宝宝说话

带宝宝出去的时候，会有大人问宝宝一些话，这个时候，父母不要代替宝宝来回答，而是让宝宝自己来回答。比如，有奶奶问，宝宝几岁了？这件新衣服谁给买的呀？这个时候，即使宝宝回答得不对或者磕磕绊绊，妈妈都不要替宝宝回答，顶多提示一两个词，然后对宝宝说，告诉妈妈。让宝宝自己组织语言来回答，既锻炼了宝宝的语言表达能力，也促进了宝宝思维的发展。

宝宝学说话，有一些特别的现象

关于宝宝的语言发展，有的妈妈开心，有的妈妈担忧，有的妈妈纳闷。

有的宝宝2岁的时候就能说出长句子，流利地表达自己的意愿，妈妈感到很开心。

有的宝宝都3岁了只能说几个简单的词语，有什么需要急得直哭也说不出来，妈妈担心宝宝是“自闭症”，都寝食难安了。

有的宝宝突然之间特别喜欢打电话和接电话了，电话铃一响，就跑到电话旁边，大声问：“你是谁？哦，挂了吧！”玩着玩着，会拿起电话，一通乱拨。有时会说：“妈妈，我给奶奶打个电话！”

0～3岁，宝宝语言发展的特点

宝宝的语言能力是智力发展的重要指标，是宝宝认知和社会性发展的心理工具，宝宝能否流利地说话体现了宝宝是否在很好地成长。

一般来说，宝宝在8个月时会无意识地发出“爸爸、妈妈”的语音，到1岁时会发22个字音。1岁以前处于语言理解阶段，主动语言比较少，这个阶段属于前语言时期，不太好判断宝宝语言发育是否异常。1岁以后，进入单词句阶段，说得较多的是名词和动词。1.5岁以后，宝宝的语言发展进入了多词句阶段，先是两个词语放在一起的双词句阶段，到了2岁半左右，进入电报句阶段，他的嘴里不断地蹦出新鲜的词语，而且逐渐地能说出复杂的完整句子了。

这个过程是宝宝语言发展的一个大致的进程，在这个过程中还会出现一些特别的现象。比如，从1岁左右开始，宝宝从无意识模仿大人的话，到鹦鹉学舌般重复说词语，到重复说一句话，开始了语言的训练，随后会经历诅咒、说悄悄话、不断使用新词汇、思维和语言不同步而产生的暂时性口吃等。

☆ 提供适宜宝宝学语言的人文环境

儿童语言的发展离不开环境的刺激，印度狼孩的故事就说明了环境对语言发展的重要意义。同样的孩子，在不同的语言环境中长大，说话方式、说话的水平可能大相径庭。为了让宝宝顺利地学习语言，具有较高的语言水平，家长可以从以下几方面努力为宝宝营造一个良好的语言环境。

1. 掌握宝宝语言发展的大致过程和特别现象

妈妈在了解宝宝语言发展大致过程的基础上，要对那些特别的现象有充分的认识。

宝宝“鹦鹉学舌”不是恶作剧，而是语言学习阶段特别的学习形式；宝宝毫无原因和道理地说出诅咒的话、有冲击力的话、恶狠狠的话，不要认为宝宝变坏了，而是他进入了诅咒敏感期；宝宝会突然趴在妈妈耳边嘀嘀咕咕，妈妈却听不懂宝宝说什么，这个时候笑一笑就好了，不要说宝宝故弄玄虚，因为他在寻找说悄悄话的感觉；家里电话响了，宝宝不让别人接，要自己接，妈妈也不要烦宝宝耽误了大人的事情，这也是宝宝语言发展过程中特别的表现；如果宝宝有类似口吃的表现，妈妈也不要着急，这只是暂时性的“口吃”，不是真正的口吃。因为宝宝的语言储备跟不上思维的速度，他的语言能力和思维速度是脱节的，等等他，让他慢慢说，就会好一点。

2. 家长做到“语言美”

宝宝语言的习得是个无意识的过程，没有人特意或者随时教宝宝。整个语言的敏感期，宝宝是通过模仿口语、练习口语，感觉语言的音韵的。他是在无目的地感知语言。妈妈一定要注意自己的口头语言，要说文明的、规范的、准确的、富有美感的口语。

3. 多给宝宝讲故事

声音对于宝宝来说十分重要，宝宝最初的语言学习是听到什么学什么。为了丰富宝宝听到的内容，妈妈可以每天给宝宝讲故事，读的时候咬字清晰、语调抑扬顿挫、稍微夸张。为了激发宝宝倾听的欲望，可以根据书中的文字增添一些形容词或象声词。

4. 噪声影响宝宝说话

有的妈妈为了脱身做自己的事情，会打开电视或者音响吸引宝宝的注意力，喜欢这么做的妈妈要注意了！一项新的研究显示，如果孩子长时间待在吵闹的电视机旁或环境嘈杂的托儿中心，孩子可能要花较多的时间来学习说话。婴儿无法从背景噪声中辨别口语语言，除非这些话比噪声的声音更大。为了宝宝的语言发展需要，请给宝宝一段安静的时间或是一个安静的角落，多陪宝宝说说话。

5. 不要催促宝宝

当宝宝要说什么的时候，如果我们的面部表情比较不耐烦，或者是很急躁地催促宝宝快说，会让宝宝的思维混乱，不知道说什么好。这样，宝宝对说话可能有一种恐惧，会真的变得“口吃”了。

平时，妈妈和宝宝在一起的时候，多和宝宝聊聊天，轻松自然地让宝宝讲一些事情，更有利于提高宝宝的说话速度。

6. 多给宝宝创造说话的机会

在家里，多给宝宝创造说话的机会。比如，宝宝有什么需要，让宝宝说出来，而不是不等宝宝说就满足他。

多玩一些语言游戏

俊俊快2岁了，会讲很多小小段子。如："吃饭饭，香不香？香香香！胡萝卜，黄片片，油晃晃！看着香，吃着更香！""洗澡了！真凉快！水花花！跳跳跳！轻点、轻点，别浪费！""去公园，要早点，空气好，不塞车！跑跑跳跳，身体好！"妈妈和俊俊在一起，不管做什么，都说一些顺口溜，妈妈说，宝宝也说，不知不觉就记住了。

语言游戏能促进宝宝的听说能力

语言是智力发展的重要标志之一。语言表达能力强的孩子理解力强，反应快，更加自信，在以后的社会交往中也会更受欢迎。

宝宝的语言表达能力在听说中获得锻炼。相对于单调的说讲，宝宝更爱游戏。语言游戏，有趣、形象，符合宝宝的认知特点，能激发宝宝的听说欲望。

妈妈一边做动作一边说话，让宝宝跟着学，这种游戏可以很随意地进行，也可以在特定的环境中进行。比如，妈妈说一句，宝宝跟一句："我是一只青蛙，呱呱呱。""我是小狗，汪汪汪。""我是小猫，喵喵喵。""我是小鸡，叽叽叽。"……这种游戏不仅动手又动口，在发展语言的同时还丰富他的知识，而且宝宝学得也很轻松愉快。

再如，吃饭的时候，妈妈说一句宝宝跟一句："吃口米饭，长肌肉，有力气！"散步的时候，妈妈说一句："出来走一走，胳膊腿灵活有力气！"睡前，问问宝宝："昨天讲了谁的故事？给妈妈说一说！"

游戏轻松愉快，边做边说，符合宝宝好动的气质特点，宝宝心情舒畅愿意说，也敢说。

☆ 3岁前，玩哪些语言游戏

3岁前，宝宝玩哪些语言游戏，更能促进宝宝的语言表达能力呢？

1.1岁前

宝宝听得多，会说的才会多！这个阶段是前语言时期，主要是练习发声、模仿声音、储存语言资源。和宝宝玩语言游戏，多是妈妈说，宝宝听。比如，宝宝喔喔地说话时，妈妈可以对着宝宝的脸，猜测他说的内容。这个阶段，可以为宝宝放童谣、儿歌、哼唱摇篮曲、对着画册学各种动物的叫声、摇各种形状的手铃。

2.1～2岁

1～2岁是宝宝学习说话最快的阶段，1岁以后，妈妈会发觉，即使宝宝一个人待着，也会对着天花板或者墙壁哼哼哈哈，连比画带指地说着心中的故事。

很快，宝宝就能说出很多词语和简单的句子。宝宝开始说话了，玩什么游戏能锻炼表达能力呢？

让宝宝指认身体部位，既学习了词语，也认识了身体，是很好的玩法。家里有各种玩具，教宝宝说玩具，一边玩一边自然地指认，宝宝记得特别快。念儿歌的时候，让宝宝指认里面的人物，也很快。

宝宝去了一个地方玩，吃了好吃的，结识了新朋友，就这些事情提一些问题，让宝宝简单回忆后回答，既锻炼了宝宝的记忆力，也考验了宝宝语言组织和表达能力。

3.2～3岁

这个阶段的宝宝处于语言学习突飞猛进期，常常口吐莲花，连妈妈都会感到惊讶。他们从哪里学来的呢？就是日常的各个渠道，宝宝听了，就记住了，顺口就表达出来了。

讲故事、念儿歌、和宝宝聊天、给宝宝提问题让他回答，都是很好的锻炼语言表达能力的方法。到了这个阶段，就可以让宝宝复述简单的故事，说个大概意思就很好。不要苛刻要求一定和原文一样，故事情节有大变动都无所谓。宝宝的思维天马行空，尽情发挥有助于提高想象力和思维力。